建築士のための
擁壁設計入門

藤井 衛 ＋ 渡辺佳勝 ＋ 品川恭一
共著

建築技術

はじめに

　本書は，1994年4月15日に株式会社建築技術から発行された大橋完著「建築実務者の擁壁設計入門」を全面的に改訂したものである。本書が発行された後，宅地防災マニュアルの改訂や県や市の擁壁に関する条例の制定など，めまぐるしいほど，法の整備が行われてきた。その背景には，数多くの洪水や地震による造成地盤の被害もさることながら，戸建て住宅の不同沈下のトラブルの多くが造成地盤によることがわかってきたことも大きな要因の一つである。

　擁壁の3大欠陥は，擁壁の底版，地盤の支持力不足，擁壁背面土の転圧不足である。すなわち，安定計算と地盤調査がきわめて重要である。しかし，現実には，擁壁の設計は市販のソフトによって画一的に行われることが多く，入力を間違えると，その地盤に不適切な擁壁が自動的に設計されてしまう。

　入力事項は，土の性質や土の重さにかかわるものが多いが，それに特化して記述した建築の専門書は非常に少ない。建築技術2012年7月号の特集では「建築技術者に必要な擁壁設計の基本知識とトラブル回避術」(監修：藤井衛)を取り上げているが，本書は，この内容をさらに発展させ，わかりやすく（これ以上は無理なほど）擁壁の一連の設計や地盤の評価，擁壁と建物基礎の関係を説明したものである。

本書の読者への到達目標は，以下に示すとおりである。
・擁壁計算ソフトに適切な入力ができる。
・設計例を通して，安定計算から配筋計算まで，
　電卓を用いて一通りの設計方法が理解できる。
・SWS試験（スウェーデン式サウンディング試験）から，
　地盤の許容支持力度が評価できる。
・土の単位体積重量，土かぶり圧など，
　土の重さに関する知識を得ることができる。
・土圧の意味が理解できる。

　本書は，決して難解な土質力学に基づいているものでなく，必要最小限の土質力学的知識をもとに，中学校卒業レベルの数学の知識で，十分に理解できる内容としている。したがって，本のタイトルも熟練者を意味する「建築実務者」から「建築士」という一般名称に変更した。読者諸兄が，全員上記の到達目標を達成されることを心から願っている。

　なお，本書を編集するにあたり査読していただきました協力委員の旭化成ホームズ㈱伊集院博氏，大和ハウス工業㈱平田茂良氏，アキュテック㈱垣内広志氏，廣部浩三氏，加藤清次氏，㈱トラバース相澤彰彦氏に，ここに厚く感謝する次第です。

2019年2月吉日
藤井　衛（東海大学名誉教授）

建築士のための擁壁設計入門

目 次

はじめに 002

第1章 擁壁の基礎知識 007
- **1.1** 造成地盤と擁壁 008
- **1.2** 擁壁とは何か 012
- **1.3** 擁壁と法的規定 019
- **1.4** 擁壁の被害事例 022

第2章 擁壁の設計に必要な基本知識 025
- **2.1** 擁壁の設計に必要な用語 026
- **2.2** 擁壁の設計に必要な基本知識 030
- **2.3** 土質定数 033
- **2.4** 根入れ深さ 034
- **2.5** 接地圧に対する考え方 035

第3章 擁壁設計のための調査 037
- **3.1** 地盤調査 038
- **3.2** 既存擁壁の安定性の評価方法 057

第4章 擁壁の安定計算 059
- **4.1** 擁壁設計の検討 060
- **4.2** 構造安定性の検討 061
- **例題1**：地盤の許容鉛直支持力度の計算例 070

第5章 土圧の算定法 073
- **5.1** クーロンの主働土圧 074
- **5.2** 地震時土圧 077
- **5.3** 水圧を考慮した土圧の考え方 078
- **例題2**：地下水の有無による土圧合力の比較 079
- **5.4** 擁壁全体の滑り検討 081

第6章　擁壁の計算例　083

- **6.1**　基本事項　084
- **6.2**　L型擁壁の設計例　088
- **6.3**　逆L型擁壁の設計例　105
- **6.4**　逆T型擁壁の設計例　109
- **6.5**　深層混合処理工法における設計例　113
- **6.6**　鋼管杭における設計例　124
- **6.7**　擁壁全体の滑り検討例　132

第7章　擁壁と建物との関係　137

- **7.1**　既存擁壁と建物との関係　138
- **7.2**　新規擁壁と建物との関係　142
- **7.3**　擁壁と建物計画の留意点　143

第8章　擁壁施工時の留意点　153

- **8.1**　地盤（支持力度，沈下・変形など）施工時の留意点　154
- **8.2**　鉄筋の継手および定着　155
- **8.3**　伸縮継ぎ目および隅角部の補強　156
- **8.4**　コンクリート打設，打継ぎ，養生など　157
- **8.5**　擁壁の背面の埋戻し　158
- **8.6**　排水　161

第 1 章

擁壁の基礎知識

造成地盤と擁壁
擁壁とは何か
擁壁と法的規定
擁壁の被害事例

1.1　造成地盤と擁壁

　図1.1は，宅地における住宅の不同沈下の原因をまとめたものである[1]。図1.1のC「斜面を切りくずし，切土・盛土にまたがった地盤」や，Fの「盛土の変形・沈下」の二つを合わせると，全原因の4割にも達する。それに加えて，Aの「池・井戸などの埋立が一部あった」，Bの「沼，川，田等の埋立地」，Eの「ゴミ，その他の埋設物があった」を加えると，不同沈下の約7割の原因が造成地盤にあることがわかる。

　造成地盤には，擁壁がつきものである。表1.1は，擁壁のトラブルを筆者らがまとめたものである[2]。表1.1のIは，いわゆる擁壁自体に問題がある欠陥擁壁であり，図1.2のようなものがある。その他，図1.3は底版幅の不足によるもので，構造計算を必要とされない（構造計算書の提出義務がない）高さ2m以下の擁壁によく見られる。表1.1のIIについては，図1.4にみられる擁壁背面土の転圧不足によるものである。擁壁は安定していても，地盤の不均質性に問題がある。表1.1のIIIは，地盤の支持力を適切に評価しなかった

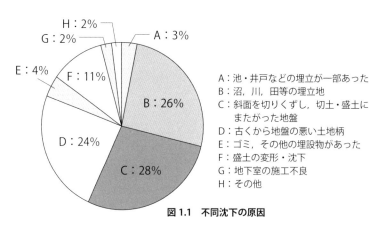

図1.1　不同沈下の原因

表1.1　擁壁のトラブル

区分	原因	件数
I	擁壁自体の欠陥	11
II	背面土（盛土）の問題	17
III	擁壁の支持力不足	22
IV	柱状改良※施工時の側圧	25

※深層混合処理工法によって築造された改良体

ために生じる不同沈下の形態である。**表1.1**のIVは，既存擁壁を地盤改良施工時に変形させてしまったトラブルである。このように，造成地盤では，擁壁だけでなく，擁壁周辺の地盤変状を考慮して，建物の基礎を計画しなければならないところに難しさがある。

擁壁の設計には，土質工学の知識は不可欠である。建築士は，学校で建物の勉強はするが，土質工学までは十分に勉強することはない。ましてや，擁壁は明らかに土木の分野と割り切っている建築関係者も多い。ところが，実際は建物，擁壁，地盤の知識が造成地盤では求められる。さらに，造成地の地盤調査は標準貫入試験（いわゆるボーリング調査）ではなく，SWS試験によって行われていることが多い。多くの建築士はSWS試験をボーリング調査より劣っていることを指摘するが，造成地盤では地盤の不均質性を見抜く，いわゆる地盤を診断する簡易な試験としてSWS試験に勝る試験はない。**図1.5**は切・盛地盤の断面の一例であり，**図1.6**は造成地における切・盛地盤の平面分布の一例である。切・盛地盤を見抜くには，**図1.7**のように切・盛造成図に基づいて，適当数のSWS試験を実施することが地盤性状の把握につながる。

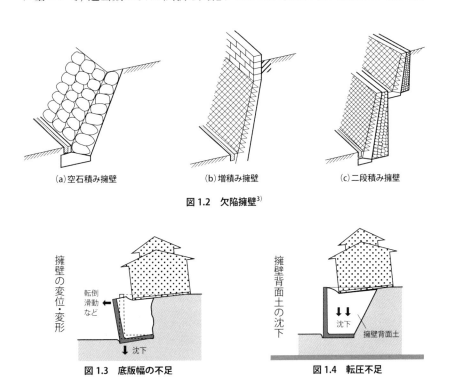

(a) 空石積み擁壁　　(b) 増積み擁壁　　(c) 二段積み擁壁

図1.2　欠陥擁壁[3)]

図1.3　底版幅の不足

図1.4　転圧不足

以上のように，造成地盤に戸建て住宅を建てる場合，擁壁近傍において設計上留意すべき点が非常に多い。一般消費者は，地震により擁壁に被害があったとしても，建物の被害を最小限に留めて人命を守ることのできる建物設計を期待しているのである。造成地盤における建物の建設は，まさに土木工学と建築学が融合された領域にあり，いずれかの配慮が欠けていれば，欠陥住宅の生産につながることを認識すべきである。

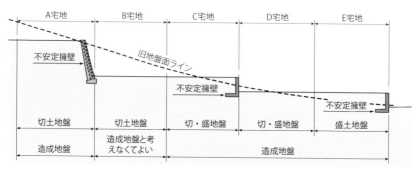

図 1.5　切・盛地盤の形成

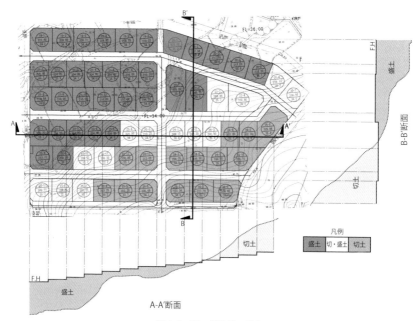

図 1.6　切・盛地盤の分布

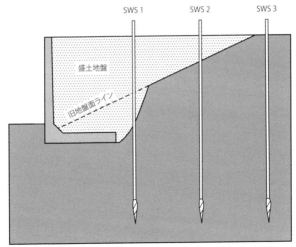

地盤の強度変化や貫入速度,音,感触などで盛土地盤を推定することができる。

スウェーデン式サウンディング試験結果

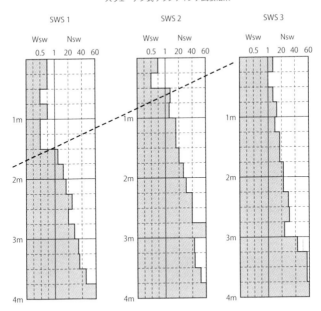

図1.7 切・盛地盤の見分け方

1.2　擁壁とは何か

1.2.1　擁壁の役割

　擁壁はがけ面やひな壇造成の崩壊防止を主たる目的とした構造体であり，**図 1.8** に示すように転倒，滑動，基礎の支持力の基本的な検討のほかに，地盤全体が比較的軟弱な場合は，滑りに対して検討を行うこともある。検討にあたっては，まず外力を設定する。転倒，滑動の外力としては，上載荷重や土圧が対象となり，基礎の支持力としては接地圧が対象となる。

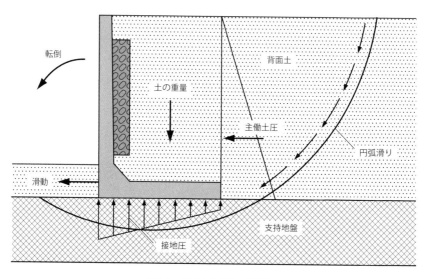

図 1.8　擁壁の安定性の検討[3)]

1.2.2　擁壁の構造形式と特徴

　擁壁の設置の有無には**図 1.9** のような規定があり，擁壁の設置が必要でない場合でも，地形の状況によって擁壁の設置の有無を検討すればよい。擁壁の構造形式には**図 1.10** に示すように，練積み造，無筋コンクリート造，鉄筋コンクリート造および杭を用いた山留め式の自立型のものがある。
　本書では，このうち代表的な構造形式である鉄筋コンクリート造擁壁の片持ち梁式を扱っている。擁壁の各部の名称を**図 1.11** に示す。
　また，用語と記号を以下に示す。

	(A) 擁壁不要	(B) がけの上端から垂直距離5mまで擁壁不要	(C) 擁壁を要する
軟岩（風化の著しいものを除く）	がけ面の角度が60°以下のもの 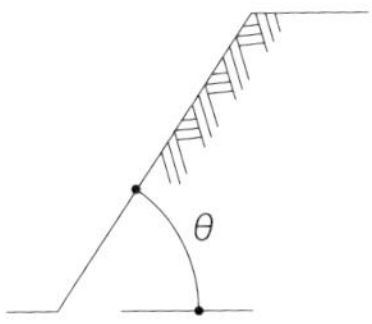 $\theta \leq 60°$	がけ面の角度が60°を超え80°以下のもの 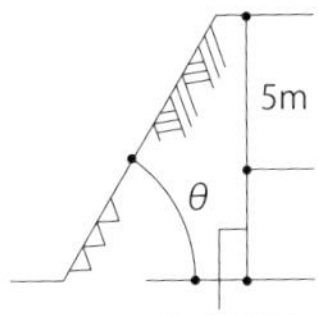 $60° < \theta \leq 80°$	がけ面の角度が80°を超えるもの 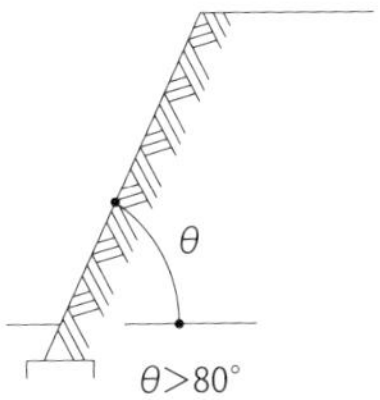 $\theta > 80°$
風化の著しい岩	がけ面の角度が40°以下のもの 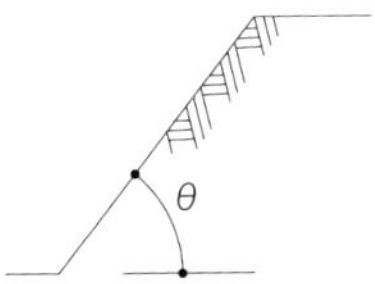 $\theta \leq 40°$	がけ面の角度が40°を超え50°以下のもの 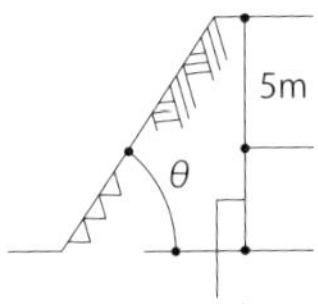 $40° < \theta \leq 50°$	がけ面の角度が50°を超えるもの 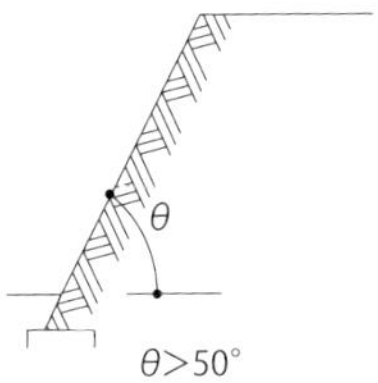 $\theta > 50°$
砂利, 真砂土, 関東ローム, 硬質粘土その他これらに類するもの	がけ面の角度が35°以下のもの 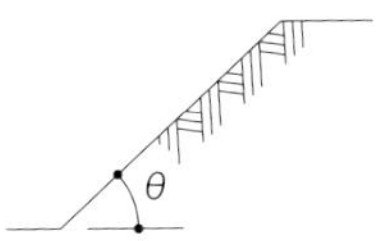 $\theta \leq 35°$	がけ面の角度が35°を超え45°以下のもの 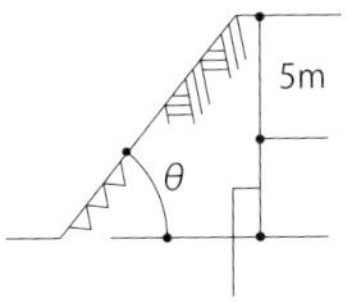 $35° < \theta \leq 45°$	がけ面の角度が45°を超えるもの 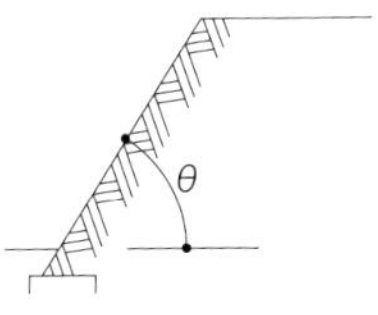 $\theta > 45°$

図1.9 擁壁の設置の有無の条件[4]

図 1.10　擁壁の種類

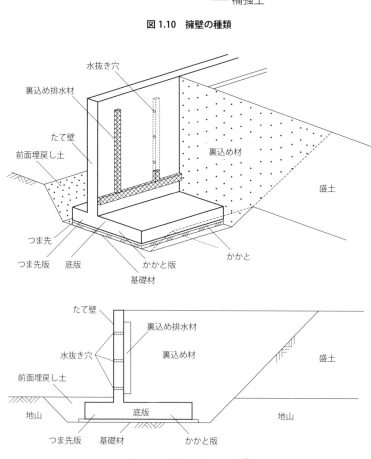

図 1.11　擁壁の各部の名称[5]

用語

前面	：擁壁のたて壁の土に接しない側
背面	：擁壁のたて壁の土に接する側
地表面	：擁壁背面の地盤表面
根入れ深さ	：前面地盤から底版下端までの深さ
控え壁	：たて壁と底版を連続して接合する構造体
裏込め材	：地中構造物と地山の間の施工空間を埋め戻す土砂
擁壁の長さ	：前面より擁壁を見た時の左右の長さ
擁壁の基礎の幅	：擁壁を側面より見た時の底版幅の長さ
背面土	：擁壁背面の裏込め土を除く地山あるいは盛土の総称

記号

A	：面積（m^2），基礎の面積（m^2）
A_p	：杭の先端の面積（m^2）
B	：擁壁の基礎スラブの幅（m）
c, c_B	：粘着力（kN/m^2）
D_f	：基礎の根入れ深さ（m）
d	：杭の直径（m）
E	：ヤング係数（kN/m^2）
E_s	：地盤の変形係数（kN/m^2）
e	：偏心距離（m）
F_S	：安全率
H	：土圧計算用有効擁壁高さ（m）
H_O	：地表面から基礎底に下ろした垂線の長さ（m），または基礎底から壁頂までの鉛直高さ（m）
H_D	：擁壁の設計高さ（m）
h	：地表面または擁壁上端から土圧を求めようとする位置までの鉛直深さ（m, cm）
I	：断面二次モーメント（m^4, cm^4）
K_A	：主働土圧係数

k, k_h, k_v	：震度
K_h	：水平地盤反力係数（kN/m^3, N/mm^3）
L	：擁壁の基礎の控壁の間隔（m）
M	：モーメント（$kN・m, kN・cm$）
M_O	：転倒モーメント（$kN・m$），杭頭の回転拘束モーメント（$kN・m$），斜面の安定計算における土圧による回転モーメント（$kN・m$）
Mr	：抵抗モーメント（$kN・m$）
N	：N 値
N_c, N_q, N_r	：支持力係数
N_c	：粘性土層の N 値　支持力係数とは異なる
N_s	：砂質土層の N 値
N_q	：杭の本数　支持力係数とは異なる
P_A	：単位長さ当たりの主働土圧合力（kN/m）
p_a	：単位面積当りの主働土圧（kN/m^2）
q	：等分布荷重（kN/m）
q_a	：許容支持力度（kN/m^2），許容応力度（kN/m^2）
q_u	：一軸圧縮強さ（kN/m^2）
R_a	：杭の許容支持力（kN）
R_H	：基礎スラブの摩擦抵抗（kN）
R	：円弧すべりの半径（m, cm）
s	：せん断強さ（$kN/cm^2, kN/m^2$）
W	：重量（kN）
α	：地表面と水平面のなす角度（度）
α, β	：基礎の形状係数
γ	：単位体積重量（kN/m^3）
δ	：壁背面と鉛直面とのなす角度（度）
θ	：擁壁背面と鉛直面とのなす角度（度）
μ	：基礎底面と支持地盤との間の摩擦係数
σ, σ_Z	：土かぶり圧，接地圧（kN/m^2）
σ'	：有効鉛直応力，有効土かぶり圧（kN/m^2）
σ_c	：コンクリートの設計基準強度（N/mm^2）
σ_f	：材の長期許容応力度（N/mm^2）
χ	：安定モーメントを計算するとき，基礎スラブ前面より各部位の重心までの距離（m, cm）
ϕ	：内部摩擦角（°）

擁壁を抵抗形式別に分類すると，擁壁自体の自重で安定を保つ形式と，擁壁の自重と底版上の土の重さで安定を保つ形式がある。**図1.12**は，宅地地盤の代表的な擁壁の形式である。**図1.12**(a)が前者の重力式擁壁であり，**図1.12**(b)，(c)，(d) が後者の曲げ抵抗型擁壁である。**図1.12**（e）は練積み（ねりづみ）擁壁と呼ばれるもので，壁に曲げモーメントによる引張応力が生じないよう，

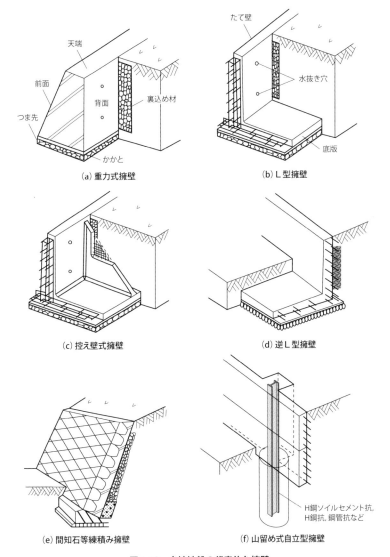

図1.12　宅地地盤の代表的な擁壁

擁壁の自重と土圧との合力線が断面内を通るように壁に傾斜をつけたもので，広義の重力型擁壁ともいえる。練積み擁壁は，勾配，背面土質，高さ，擁壁の厚さ，根入れ深さが宅地造成等規制法・同施行令，および各都道府県や市の行政機関において，詳細な規制が設けられている。一般には，高さ5.0mを上限としている。**図1.13**に，間知石等練積み擁壁の例を示す。なお，間知石（けんちいし）とは，**図1.14**に示すように，一定の寸法で加工した四角錐体であり，底部は1辺が約30cmの正方形となっている。この形状の石あるいはコンクリートブロックを，モルタルやコンクリートの接着剤を使って一体化しながら積み上げてゆく。

一方，裏込めにモルタルやコンクリートを使わずに積み上げる工法を空積み（からづみ）というが，これは後に述べるような不適格な擁壁である。

また，近年は**図1.12**（f）のようにH型鋼やRC・PC柱体を，水平方向に一定間隔あるいは連続的に打込み，擁壁を形成するタイプや，補強材による自立式擁壁も使用されてきている。

以上のように，一概に擁壁といってもさまざまな形式のものがある。

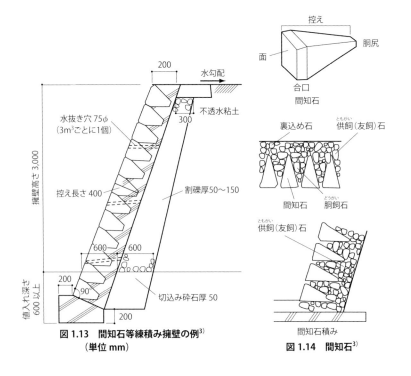

図1.13　間知石等練積み擁壁の例[3]
（単位 mm）

図1.14　間知石[3]

1.3 擁壁と法的規定

擁壁は，工作物として建築基準法の規定の対象となるが，それ以前に宅地として宅地造成等規制法（以下，宅造法）や都市計画法（以下，都計法）などの規制を受ける。この三つの法的規定をまとめると，**表 1.2** のようになる。

宅造法は，基準法の規定を満足することを前提としたものである。宅造法の擁壁の構造計算規定を**表 1.3** に示す。この技術基準では，擁壁が壊れないこと，転倒しないこと，滑動しないこと，および沈下しないことを定めているものの，沈下に関しては地盤の許容応力度で判定することを求めている。

表 1.2 擁壁に関連する法令上の規定の概要[6]

		条・項等	規定の概要
基準法	①	法第 88 条（工作物への準用）	擁壁が，建築物に関する基準を準用すべき工作物であること
	②	令第 138 条（工作物の指定）	建築基準を準用する擁壁の高さを 2m 超とすること
	③	令第 142 条（擁壁）	擁壁に関する仕様（材料，裏込め，水抜き穴など擁壁特有のものおよび準用される基準）
	④	平成 12 年建設省告示第 1449 号（工作物の構造計算）第 3	擁壁の構造計算は，次に該当する場合を除き，宅造法施行令第 7 条の規定によること ・安定した崖面で擁壁の設置が必要ない場合 ・宅造法施行令第 14 条の規定による大臣認定擁壁とする場合
宅造法	⑤	令第 3 条（宅地造成）	規制の対象が，切土であれば 2m 超，盛土であれば 1m 超であることなど
	⑥	令第 6 条（擁壁の設置に関する技術的基準），別表第 1	擁壁の設置を要する崖面の勾配などの条件および擁壁の構造方法（鉄筋コンクリート造ほか）
	⑦	令第 7 条（鉄筋コンクリート造等の擁壁の構造），別表第 2 及び第 3	鉄筋コンクリート造および無筋コンクリート造の擁壁の安全を確かめる構造計算（擁壁の破壊，滑動，転倒，沈下に関する長期の安定計算）
	⑧	令第 8 条（練積み造の擁壁の構造），別表第 4	練り積み造の擁壁の勾配，厚さ，控え壁の設置などに関する仕様規定
	⑨	令第 9 条（設置しなければならない擁壁についての建築基準法施行令の準用）	建築基準法施行令のうち以下が準用される 第 36 条の 3（構造設計の原則），第 37 条（構造部材の耐久），第 38 条（基礎），第 39 条（屋根ふき材等の緊結），第 52 条（組積造の施工），第 72 条（コンクリートの材料），第 73 条（鉄筋の継手及び定着），第 74 条（コンクリートの強度），第 75 条（コンクリートの養生）及び第 79 条（鉄筋のかぶり厚さ）
	⑩	令第 10 条（擁壁の水抜穴）	水抜き穴の寸法および配置，透水のための措置など
	⑪	令第 11 条（任意に設置する擁壁についての建築基準法施行令の準用）	任意設置の擁壁については建築基準法施行令第 142 条（擁壁）の規定を準用すること
	⑫	令第 14 条（特殊の材料又は構造による擁壁）	特殊な材料や構造を用いた擁壁を使用する場合，大臣認定を取得する必要があること
都計法	⑬	規則第 23 条（がけ面の保護）	擁壁の設置を要する崖面の勾配などの条件
	⑭	規則第 27 条（擁壁に関する技術的細目）	擁壁は，土圧などによる破壊，滑動，転倒，沈下を生じないもので，排水上支障のないこと，また，高さ 2m 超の擁壁については建築基準法施行令第 142 条（擁壁）の規定を準用すること

これらの技術基準の詳細な解説は，宅地防災マニュアルにおいて示されている。その他の参考基準類としては，日本建築学会「建築基礎構造設計指針」

表 1.3　宅造法施行令第 7 条に規定する鉄筋コンクリート造等の擁壁の構造計算[6]

（鉄筋コンクリート造等の擁壁の構造）
第 7 条　前条の規定による鉄筋コンクリート造又は無筋コンクリート造の擁壁の構造は，構造計算によつて次の各号のいずれにも該当することを確かめたものでなければならない。
　一　土圧，水圧及び自重（以下「土圧等」という。）によつて擁壁が破壊されないこと。
　二　土圧等によつて擁壁が転倒しないこと。
　三　土圧等によつて擁壁の基礎が滑らないこと。
　四　土圧等によつて擁壁が沈下しないこと。
2　前項の構造計算は，次に定めるところによらなければならない。
　一　土圧等によつて擁壁の各部に生ずる応力度が，擁壁の材料である鋼材又はコンクリートの許容応力度を超えないことを確かめること。
　二　土圧等による擁壁の転倒モーメントが擁壁の安定モーメントの三分の二以下であることを確かめること。
　三　土圧等による擁壁の基礎の滑り出す力が擁壁の基礎の地盤に対する最大摩擦抵抗力その他の抵抗力の三分の二以下であることを確かめること。
　四　土圧等によつて擁壁の地盤に生ずる応力度が当該地盤の許容応力度を超えないことを確か

表 1.4　擁壁に関する各技術基準の内容の比較[5]

技術基準の内容	建築基準法・施行令	建築基礎構造設計指針	
適用する擁壁	宅地に造られる高さ 2m 以上の擁壁	建築物の敷地に造られる擁壁	
規定する条文	第 19 条で，敷地の衛生および安全から，建築物ががけ崩れなどに被害を受けるおそれのある場合に擁壁の設置を定め，第 88 条で工作物とし，施行令第 138 条で高さ 2m 以上を規定，第 20 条で政令で定める技術的基準に適合することを定める	擁壁の設計などに関わる技術的な基準（指針）を説明。仕様設計から性能設計に指針の方向を転換している	
土圧	状況に応じて計算された値（計算式などの指示なし） ※施行令第 142 条において，告示 1449 号によるとし，告示は宅地造成等規制法施行令第 7 条によるとしている	クーロンの主働土圧 →背面の地盤状況によっては試行くさび法を用いる	
支持力	告示第 1113 号による →テルツァーギの支持力式に基づく式→調査法と支持力計算式を示す	支持力算定式は告示第 1113 号の式に基礎の寸法効果による補正係数 η を乗じた式で示される	
安定の考え方	（宅地造成等規制法施行令第 7 条による） ・土圧，水圧，自重によって擁壁が破壊されないこと ・土圧などによって転倒しないこと（必要安定率 1.5 以上） ・土圧などによって基礎がすべらないこと（必要安全率 1.5 以上） ・土圧などによって擁壁が沈下しないこと（最大接地圧が地盤の許容応力度を超えないこと）	要求性能	
		限界状態	支持力	安定性について
		使用	基礎の沈下量，不同沈下量が限界値以下	傾斜，滑動，沈下について所定の要求性能を有する
		損傷	最大接地圧が降伏支持力以下	残留変位がないこと
		終局	最大接地圧が極限支持力以下	転倒，滑動について所定の要求性能を有する
地震時の取扱い	定められていない	地震時土圧は次による ・物部の式（背面状況によっては試行くさび法による） ・地震時の設計水平震度 k_h 中地震時：$k_h = 0.2$，大地震時：$k_h = 0.25$	

（2001 年 10 月）や土木分野の「道路土工―擁壁工指針」（平成 11 年 3 月）がある。これらの比較を**表 1.4**に示す。

めること。ただし，基礎ぐいを用いた場合においては，土圧等によつて基礎ぐいに生ずる応力が基礎ぐいの許容支持力を超えないことを確かめること。
3　前項の構造計算に必要な数値は，次に定めるところによらなければならない。
一　土圧等については，実況に応じて計算された数値。ただし，盛土の場合の土圧については，盛土の土質に応じ別表第二の単位体積重量及び土圧係数を用いて計算された数値を用いることができる。
二　鋼材，コンクリート及び地盤の許容応力度並びに基礎ぐいの許容支持力については，建築基準法施行令（昭和 25 年政令第 338 号）第 90 条（表一を除く。），第 91 条，第 93 条及び第 94 条中長期に生ずる力に対する許容応力度及び許容支持力に関する部分の例により計算された数値
三　擁壁の基礎の地盤に対する最大摩擦抵抗力その他の抵抗力については，実況に応じて計算された数値。
　　ただし，その地盤の土質に応じ別表第三の摩擦係数を用いて計算された数値を用いることができる。

	宅地防災マニュアル	道路土工－擁壁工指針
	造成に伴うがけ面に用いる擁壁で，切土では 2m 以上，盛土では 1m 以上，切土・盛土の 2m 以上	道路などの土木工事で作られる擁壁
	宅地造成等規制法の施行令第 7 条に定めている技術基準を体系的に解説している（平成元年）。地震時に関しては性能設計の考えを取り入れている	道路の建設のための盛土や切土部分の安全のために造られる擁壁の技術的な指針を示す
	試行くさび法による主働土圧 →クーロン土圧を図解法で求める方法	試行くさび法による主働土圧
	告示第 1113 号による →最大接地圧が，求められた許容支持力以下であること	支持力算定については指示なし 土の強度や沈下を求める深さを示す
	（宅地造成等規制法施行令第 7 条による） （建築基準法・施行令と同じ）	安定計算の安全率 |	常時	地震時
転倒	$\|e\|\leq B/6$	$\|e\|\leq B/3$
滑動	1.5	1.2
支持力	3.0	2.0 | （地盤反力の最大値に対して） e：合力の作用位置の偏心距離 B：擁壁底面幅
	要求性能を満足すること →高さが 2m を超える擁壁は中・大地震時の検討を行う	高さ 8m 以下の通常の擁壁では地震時の安定計算は省略してよい （重要な擁壁や復旧の難易度によっては地震時の検討を行う）

1.4 擁壁の被害事例

表 1.5 は，近年の地震に見られる擁壁の被害の特徴を示したものである。水抜き穴がない擁壁や空石積み擁壁（**写真 1.1**），二段擁壁（**写真 1.2**）などの欠陥擁壁に障害が多く，ブロック積み擁壁の出隅部（**写真 1.3**）やコンクリート造の擁壁（**写真 1.4，1.5**）にも，亀裂が確認されている。さらに，構造計算の提出義務がない擁壁の高さが 2m 未満のものに，多くの被害がみられる。特に，これらの擁壁の中には，底版幅が明らかに不足している（**写真 1.6**）ものもあった。

以上から，地震のことを考慮すれば，これからは高さが 2m 未満の擁壁であっても，構造計算を行うことが望ましい。

表 1.5 最近の地震にみられる擁壁の被害の特徴[3)に加筆]

地震名	被害の特徴
兵庫県南部地震 （1995 年 1 月）	・練積み擁壁の被害が多い ・宅造法に基づく擁壁で被災したものは［増積み擁壁］，［床版突き張出し擁壁］，［二段擁壁］など不適格擁壁がほとんどである。
鳥取県西部地震 （2000 年 10 月）	・水抜き穴を設置しているものが 14％しかなかった ・高さが 2m 未満の擁壁で，被害を受けているものが多い ・空石積み擁壁の被害は 50％を占める
芸予地震 （2001 年 3 月）	・水抜き穴を設置していたものが 30％しかなく，擁壁背面の地下水位が高く，崩壊に大きな影響を及ぼした
新潟県中越地震 （2004 年 10 月）	・水抜き穴を設置していたものが 30％しかなく，擁壁背面の地下水位が高く，崩壊に大きな影響を及ぼした。 ・全体的に 2m 未満の擁壁が被害を多く受けている。
東北地方太平洋沖地震 （2011 年 3 月）	・谷埋め盛土（造成部）に被害が集中 ・切・盛境をはさんで，被害程度に大きな差異 ・玉石練積み擁壁，増積み造擁壁に被害が目立つ ・水抜き穴から湧水が見られたものもあり，地下水位の高さが被害を大きくした可能性あり
熊本地震 （2016 年 4 月）	・空石積み造擁壁（コンクリートで固めず石を積んだだけの擁壁）や，増積み擁壁（既存擁壁の上部に空洞ブロックなどを増し積した擁壁）などに被害が多くみられる

写真 1.1 空石積み擁壁の被害

写真 1.2 二段擁壁の被害

写真 1.3 出隅部の被害

写真 1.4　コンクリート擁壁の被害

写真 1.5　コンクリート擁壁の被害

写真 1.6　底版幅不足による転倒被害

第2章

擁壁の設計に必要な基本知識

擁壁の設計に必要な用語
擁壁の設計に必要な基本知識
土質定数
根入れ深さ
接地圧に対する考え方

2.1 擁壁の設計に必要な用語

擁壁の設計に必要な用語を，以下に示す。

土圧：土と壁体間に作用する圧力のことをいい，擁壁のたて壁への圧力の作用状態により，主働土圧，静止土圧，受働土圧の3種類に分けられる。これらの三種類の土圧は，壁体と土の状態が同じ条件であれば，図2.1に示すように主働土圧＜静止土圧＜受働土圧の順に大きくなる。

主働土圧：地盤が主体的に擁壁を押し出そうとする状態で，地盤が破壊する極限の土圧のことをいう。

受働土圧：地盤が外から押された受け身の状態で，破壊する極限の土圧のことをいう。

静止土圧：主働状態や受働状態などの極限状態とは異なり，静止状態において水平方向に作用する土圧のことをいう。地下壁に作用している土圧がこれに相当する。

せん断強さ：例えば，図2.2に示すように擁壁背面の滑り破壊時の応力状態を考えると，土中内部の土自重によって滑り破壊を起こす力となるせん断応力τが発生する。また，それと同時に滑り破壊に抵抗するように，土自身が有するせん断抵抗力も発生する。その最大のせん断抵抗をせん断強さτ_sという。せん断強さτ_sは，土を滑らそうとする力とそれに抵抗する力が釣り合い状態になっているときの単位面積当たりの力として求められる。図2.3の直接せん断試験のイメージからわかるように，式（2.1）のように表される。せん断強さτ_sは，いわゆるずれに対する抵抗力ともいえる。

$$\tau_s = c + \sigma \tan\phi \tag{2.1}$$

τ_s：せん断強さ（kN/m^2）
c：粘着力（土の電気化学的吸着力）（kN/m^2）
σ：鉛直圧（kN/m^2）
ϕ：内部摩擦角（土粒子の噛み合い角度）

単位体積重量：土1m^3（縦1m，横1m，高さ1m）当たりの土の重さ（kN）のことをいい，γ（ガンマ）あるいはγ_tなる記号を用いて表す。通常の土で15〜18kN/m^3，水の場合は9.81kN/m^{3}である（図2.4）。

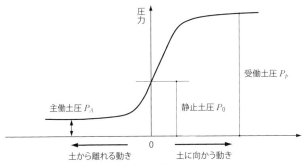

図 2.1　壁体の移動と土圧の変化

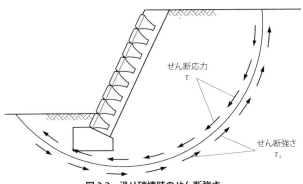

図 2.2　滑り破壊時のせん断強さ

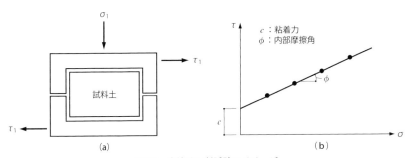

図 2.3　直接せん断試験のイメージ

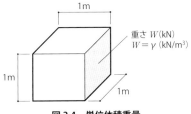

図 2.4　単位体積重量

土かぶり圧：ある深さにおける土 1m²当たりの重さ（kN）のことをいい，σ（シグマ）なる記号を用いて表す。単位は kN/m²である。γ(kN/m³) にある深さ H を乗じると，その深さの土かぶり圧 σ_z となる。その 1 例を**図 2.5** に示す。地下水位以深の場合は，土の単位体積重量から水の浮力分の 9.81kN/m³を差し引く。

地下水がない場合は，**図 2.6** に示すような下記の式で表わされる。

$$\sigma_z = H_1 \cdot \gamma_1 + H_2 \cdot \gamma_2 + H_3 \cdot \gamma_3$$

土圧係数：**図 2.7** に示すように，剛な壁体背面の深さ H において，微小な土塊が土かぶり圧 σ_z と水平応力 p_h を受けて釣り合っている。もし，水中であれば，水はせん断強さをもっていないため，壁を取り去ると，流れてしまうことからわかるように，σ_z と p_h は等方向に働き，σ_z と p_h は等しい。しかし，土はせん断強さをもっているため，流れ出すことはなく，p_h は常に σ_z より小さい。

σ_z と p_h の比を K で表すと，式（2.2）のようになる。

$$K = p_h / \sigma_z \tag{2.2}$$

あらかじめ K を求めることができれば，土圧 p_h は次のように求められる。

$$p_h = K \cdot \sigma_z \tag{2.3}$$

σ_z は $H \cdot \gamma_t$ で表されるから，p_h は次のように表される。

$$p_h = K \cdot H \cdot \gamma_t \tag{2.4}$$

単位は kN/m²となるが，奥行 1m を考慮しているので，分布荷重（kN/m）としてみなしている。壁体に作用する p_h は**図 2.8** に示すように三角形に分布し，合計の水平応力 P_h は式（2.5）で示される。これを土圧合力という。

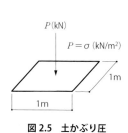

図 2.5　土かぶり圧

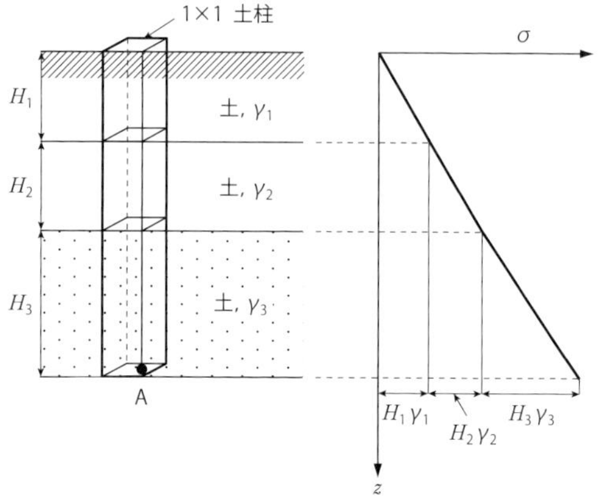

図 2.6　土かぶり圧の計算例

$$P_h = 1/2 \, \gamma_t \cdot H^2 \cdot K \tag{2.5}$$

すなわち，縦方向を高さ H，横方向を土圧 p_h（$= \gamma_t \cdot K \cdot H$）とした三角形面積が合力となる。単位は kN/m となるが，奥行 1m を考慮しているので（kN）として計算する。主働土圧が作用する状態や受働土圧が作用する状態では，σ_z は同じであるが，p_h は破壊しようとする極限の値で決まることになり，そのときの土圧は**図 2.9** に示すように主働土圧 P_A，受働土圧 P_P と呼び，それぞれの土圧係数を主働土圧係数 K_A，受働土圧係数 K_P と呼んでいる。なお，静止土圧とは，壁体が静止している状態に作用する土圧である。

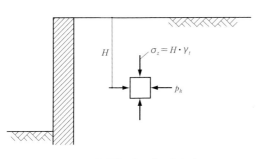

図 2.7 剛な壁体に作用する土かぶり　　　　図 2.8 土圧合力 p_h

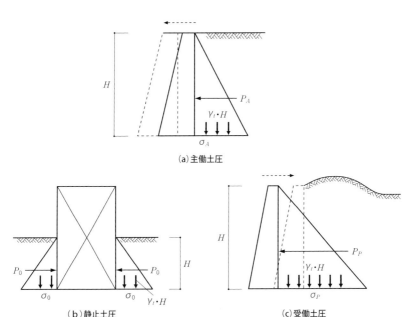

図 2.9 土圧の種類

2.2　擁壁の設計に必要な基本知識

　擁壁の設計に用いる荷重は，自重・表面載荷重および背面土圧の組合せとし，必要に応じて地震による土圧の増加や水圧による土圧の増加などを考慮する。

1）自重
　自重は，擁壁自体の自重と擁壁底版上の土の重量とする。

2）表面載荷重
　表面載荷重は，実情に応じて適切な荷重を考慮する。戸建て住宅の場合はあらかじめ表面載荷重を $10kN/m^2$ 程度と設定することが多い。昨今の震災などから耐震化が進み，戸建て住宅の荷重が増加している。擁壁に近接して建築される場合は，建物荷重を考慮した設計が求められる。宅地擁壁の場合は，フェンスなどを設ける場合が多いので，擁壁天端より高さ 1.1m の位置に $1.0kN/m$ 程度の水平荷重を作用させることが多い。

3）背面土圧
　土圧については，クーロンの主働土圧が一般に用いられる。擁壁には，**図 2.10** に示すように背面側から主働土圧，前面側には受働土圧が作用する。受働土圧は，擁壁を前面に移動させようとする主働土圧の作用力によって発生するものである。すなわち，抵抗要素であり，しかも受働土圧は変形が相当に進んだ後に効果をなすことから，設計には安全側を考慮して主働土圧のみで設計することとしている。

4）地震時荷重
　擁壁自体の自重に起因する地震時慣性力と，裏込め土の地震時土圧を考慮する。ただし，設計に用いる地震時荷重は，地震時土圧による荷重，または擁壁の自重に起因する地震時慣性力に，常時の土圧を加えた荷重のうち大き

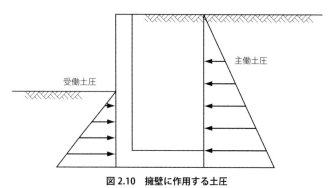

図 2.10　擁壁に作用する土圧

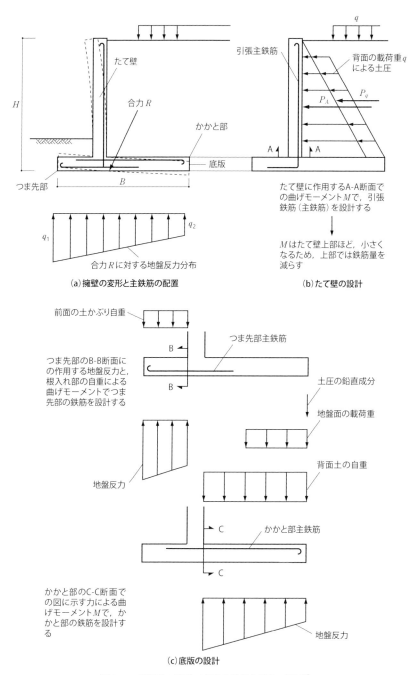

図 2.11 構造体の設計で考える荷重と鉄筋の配置[5]

い方とする。擁壁の高さが5mを超える場合は，行政指導により大地震時の検討が行われることが多い。

5）配筋

擁壁は奥行1m当たりで設計することから，長方形断面の幅を1mとし，壁体に引張応力が作用する側に配置する。通常，主鉄筋は30cm以下に配筋される。主鉄筋に直行して配筋される配力鉄筋は，主鉄筋の半分程度とする。鉄筋の設計の考え方を，**図2.11**に示す。また，鉄筋の最少かぶり厚さを**図2.12**に示す。

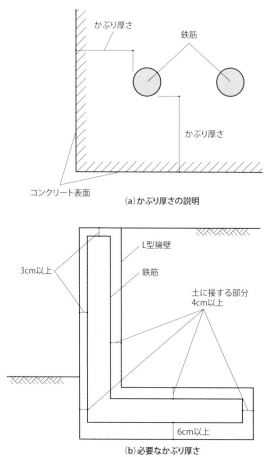

図2.12　鉄筋の最少かぶり厚（現場打ちコンクリート）[5]

2.3 土質定数

　基本的に設計に必要な土質定数は，土質調査結果によるが，入手できない場合は**表 2.1**のような提案値が示されている。宅造法施行令の技術基準と道路土工―擁壁工指針が参考になるが，これらの土圧係数は安全側になるよう大きめに設定されている。背面土は，通常，砂質土とみなし，内部摩擦角 $\phi°$ は 30° としている。このときの K_A は 0.33 となり，かなり大きめの数値となる。このように，設計時に砂質土とみなした大きな土圧を想定されることによって，盛土の安全性が確保できるように考慮されている。したがって，背面土には粘着力は考慮されていない。なお，**表 2.1**の内部摩擦角 30°は N 値で 11（後述する大崎の式（4.19）より），スウェーデン式サウンディング試験では $N_{sw}=134$ に相当し，かなり固い地盤を想定していることになる。設計者は，この内部摩擦角の値を，地盤の支持力や滑り抵抗の検討に用いるべきではない。あくまでも土圧を大きくとるための配慮と考えるべきである。支持力や滑り抵抗を検討する際には，地盤調査結果をもとに，現地の土質に応じた値を設定すべきである。参考までに砂質土の内部摩擦角 ϕ・粘性土の粘着力 c と N 値および N_{sw} の目安を**表 2.2・2.3** に示す。これらの ϕ・c は，式（4.19）～（4.21）によって算出している。

表 2.1　土圧計算に用いる背面土の強度定数と単位体積重量[5]

	単位体積重量 γ_t (kN/m³)				強度定数に関して		
	宅造法技術基準	道路土工			宅造法技術基準	道路土工	
		自然地盤		盛土	土圧係数 (K_A)	内部摩擦角 ($\phi°$)	粘着力
		緩いもの	密なもの				
砂または砂礫	18	18	20	20	0.35	35°	—*
砂質土	17	17	19	19	0.40	30°	—*
粘性土	16	14	18	18	0.50	25°	—*

＊土質試験を行わない場合

表 2.2　砂質土の内部摩擦角と N 値および N_{sw} の目安

$\phi°$	N 値	N_{sw}
35°	20	269
30°	11	134
25°	5	45
20°	1	0

表 2.3　粘性土の粘着力と N 値および N_{sw} の目安

c (kN/m²)	N 値	N_{sw}
125.0	20	340
93.8	15	240
62.5	10	140
31.3	5	40

2.4 根入れ深さ

擁壁を安定させるためには，ある深さまで擁壁を地中に埋め込む必要がある。その深さを「根入れ深さ」と呼び，図 2.13 に示す。

根入れ深さは，原則として 35cm 以上かつ構造計算上の擁壁高さの 15% 以上確保する。隣接する構造物に影響を及ぼす可能性がある場合は，山留め工法など適切な対策を講じる。また，前面に水路がある場合は，水路管理者との協議により決定することとなるが，図 2.14 に示すように根入れ深さ h は河床から確保することが原則である。

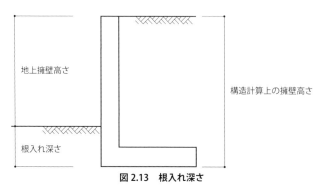

図 2.13　根入れ深さ

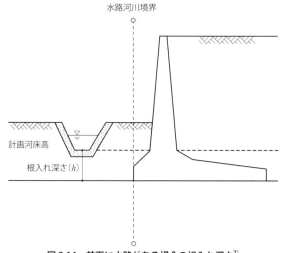

図 2.14　前面に水路がある場合の根入れ深さ[7]

2.5　接地圧に対する考え方

擁壁には**図 2.15**に示すように，水平方向には主働土圧P_Aとそれに抵抗する滑動抵抗力R_Hが働き，両者は互いに逆向きの力であるから釣り合いを保つ。同様に鉛直方向では，自重Wとそれを打ち消す力である反力Nが作用して，釣り合いを保つことになる。モーメントの面からは，水平方向での二つの力は偶力モーメントM_Tとして反時計回りに作用し，鉛直方向ではM_Rとして時計回りに作用することによって，釣り合いが保たれる。今，主働土圧P_Aが増大するとM_Tも増えることを意味するが，それに対応するM_Rが増大するためには自重Wが変わらないため，反力Nが図中の左にずれる必要がある。すなわち，主働土圧が存在しない場合の反力は，**図 2.16**（a）の状態であるが，主働土圧が存在する場合は**図 2.16**（b）のような台形の接地圧分布となる。反力Nがあまりにも左に偏ると**図 2.16**（c）のような状態になり，極端な場合は**図 2.16**（d）のような集中荷重になってしまう。設計上は，安定した**図 2.16**（b）のような接地圧分布が望ましい。

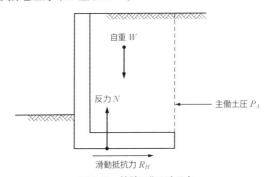

図 2.15　擁壁に作用する力

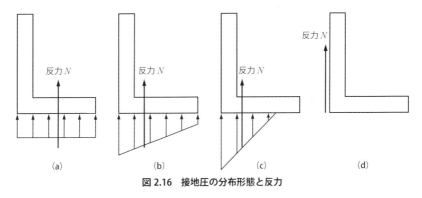

図 2.16　接地圧の分布形態と反力

第 3 章

擁壁設計のための調査

地盤調査
既存擁壁の安定性の評価方法

3.1 地盤調査

地盤調査は，**図 3.1** に示すように『資料調査による適確な調査計画の立案』『現地踏査による地盤状況の推定』『現地調査による地盤定数の把握』の 3 部構成となる。

擁壁を設計するには，擁壁を支持する基礎地盤の支持力および，擁壁に作用する土圧を計算する必要があるので，擁壁背面土の地盤性状を把握しなければならない。**表 3.1** に，擁壁を設計するうえで必要な地盤定数を示す。

また，擁壁が必要とされる切・盛地盤は，**図 3.2** に示すように地山が傾斜していることが多く，地層も傾斜しているため，計画建物部分の地盤情報を擁壁の設計に利用する場合，地層の傾斜状況に留意しなければならない。**図 3.2** に示すように，安定地盤が傾斜しているにも関わらず，地層が水平堆積していると仮定して，支持力評価した場合，過大評価となるため，地層を正確に把握するための追加調査（調査計画の立案）が必要となる。ボーリング調査を追加するにはコストと時間がかかるため，サウンディング試験などを多測点で実施すると，地層の変化を精度よく捉えることができる。

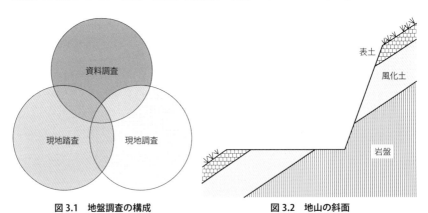

図 3.1　地盤調査の構成　　　　　図 3.2　地山の斜面

表 3.1　擁壁を設計するうえで必要な地盤定数など

土圧・地盤支持力を求める際に必要なデータ	杭基礎または地盤補強を行う際に必要なデータ
内部摩擦角 ϕ	N 値
粘着力 c	粘着力 c
地下水位	一軸圧縮強さ q_u
単位体積重量 γ	地盤の変形係数 E（水平地盤反力係数 k_h）
土質分類	土質分類

広域にわたる造成地盤における調査の方法としては，まず，造成地の大きさや地形に応じて標準貫入試験の位置や本数を決め，さらに補間するように，個々の擁壁や建物位置にてSWS試験の実施ポイント数を決定する。これにより，造成地盤における詳細な地盤状況の把握（**図 3.3**）が可能となる。調査は，支持層が出現するまで，調査する必要がある。いわゆる「資料調査→現地踏査→ボーリング調査（補間としてサウンディング）」というように，大局から個々に絞り込む調査スタイルを基本とする。

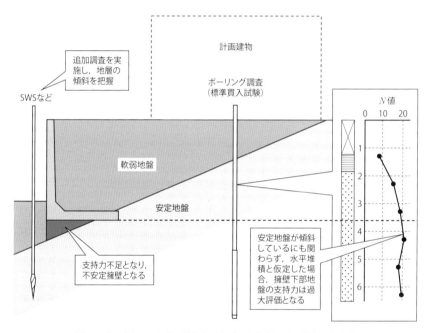

図 3.3　傾斜地盤における離れた調査データを利用する場合の留意点

3.1.1　資料調査

　資料調査とは，地盤に関連した既存資料を収集することで，事前に地形，地質，土地の変遷，調査地の地盤性状，防災上の危険性などについての概要を把握することである。**表 3.2** に，既存資料の一覧を示す。

1）地形図

　地形図とは，国土地理院により土地の利用状況，高低差，標高，植生などを記した地図であり，全国を網羅している。地形図には日本全域で統一した

表 3.2　既存資料の一覧

図　　名		発行・提供機関	備　　考
地形図	新版地形図	国土地理院，地方自治体	日本全域で統一した規格と精度で作成された基本図
	旧版地形図		大正末期から昭和初期に作成された地形図
地形分類図	土地条件図	国土地理院	主に地形分類を示した地図
	治水地形分類図		河川流域の平野部の地形分類を示した地図
地質図		産業技術総合研究所，地方自治体，学会	地質帯の分布を示した地図
地盤図		学会，地方自治体，地質調査業協会	既存ボーリングデータなどをまとめた地図
空中写真	モノクロ写真	国土地理院	昭和 22 年以降に撮影
	カラー写真		昭和 49 年以降に撮影
ハザードマップ		国土交通省ハザードマップポータルサイト	自然災害による被害範囲や規模を図化したもの

規格と，精度で作成された比較的新しい「新版地形図」と，大正末期〜昭和初期にかけて作成された「旧版地形図」がある。図 3.4，図 3.5 に，同一地域における新版地形図および旧版地形図の例を示す。新旧地形図を見比べることにより，地盤の変遷を把握することができる。

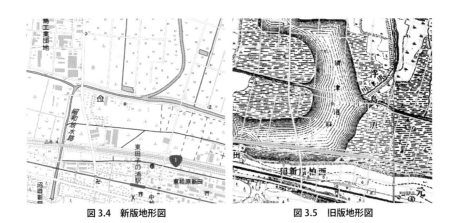

図 3.4　新版地形図　　　　　　図 3.5　旧版地形図

2）地形分類図

地形分類図とは，地形の種類ごとに色分けした地図であり，用途や目的によってさまざまな種類がある。地形図と比べて地形を判断しやすく，非常に便利な地図ではあるが，全国を網羅していない。擁壁の地盤調査においては，土地条件図および治水地形分類図などは利用しやすい。図 3.6，図 3.7 に，土地条件図および治水地形分類図の例を示す。

図 3.6　土地条件図　　　　　　　図 3.7　治水地形分類図

3）地質図

地質図とは，地図上に地表付近の岩石を色や模様で区別し，その分布範囲を書き表したものである。地質図には，平面に表した地質平面図と断面方向に表した地質断面がある。**図 3.8**，**図 3.9** に，地質平面図および地質断面図の例を示す。

図 3.8　地質平面図の例

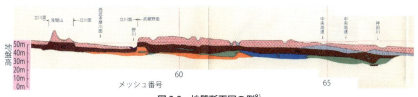

図 3.9　地質断面図の例[8]

4）地盤図

地盤図とは，既存のボーリングデータなどをまとめたものである。多数の機関が地盤図を作成しており，ボーリングデータが示されているので，鉛直方向の土質の分布だけでなく N 値などもわかるため，地盤の性状や地層の傾斜などを把握するのに有効である。**図 3.10** に地盤図の例を示す。

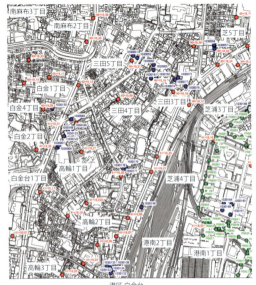
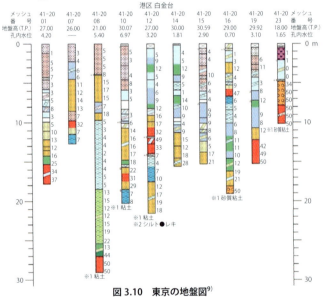

図 3.10　東京の地盤図[9]

5）空中写真

　空中写真は，飛行機により上空から撮影した写真であり，最近ではインターネットやアプリにより容易に閲覧できる．建物の状況や植生などを容易に読みとることができるので，土地の利用履歴や変遷を把握することができる．**写真 3.1，3.2** に空中写真の例を示す．

写真 3.1　空中写真（1988 年頃）

写真 3.2　空中写真（最新版）

6）ハザードマップ

ハザードマップは，さまざまな自然災害による被害を予測し，その被害の程度と範囲を地図にマッピングしたものである。

擁壁のような偏土圧を受ける工作物は，液状化地盤の場合，水平方向に大きく変状するため，特に注意が必要である。**図 3.11** に，液状化におけるハザードマップ例を示す。

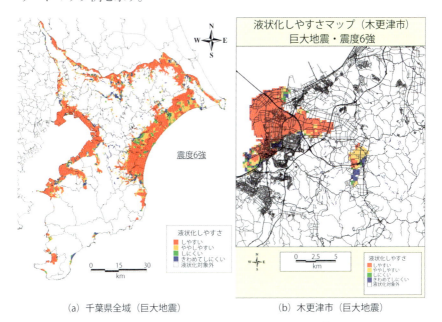

(a) 千葉県全域（巨大地震）　　(b) 木更津市（巨大地震）

図 3.11　ハザードマップ（液状化しやすさマップ）[10]

3.1.2 現地踏査

現地および現地周辺のさまざまな状況を観察し，擁壁を計画する際に必要な情報を抽出する。

1) 基本項目

資料調査にて確認した地形状況の再確認や，既存建物や工作物の沈下，傾斜，舗装や擁壁の変形状況のほかに，擁壁を施工する際に必要な施工機械やトラックなどの搬入経路を確認する。

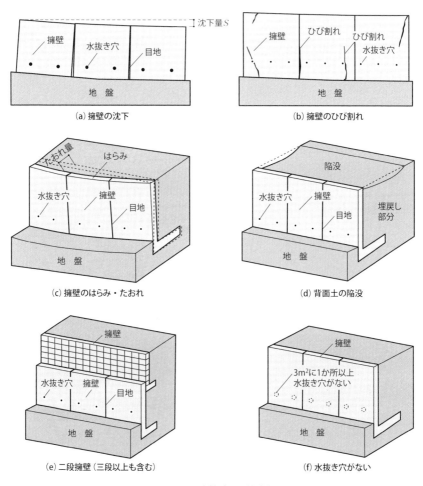

図 3.12　既存擁壁の現地踏査

2）既存擁壁に対する調査

図3.12（a）〜（c）に示すように，既存擁壁の沈下，ひび割れ，たおれ，はらみなどが確認された場合は，基礎地盤が軟弱な可能性が高く，図3.12（d）に示すように，背面土の陥没は埋戻し不良の可能性があるため，建物を配置する際は地盤調査数を増やし，地盤状況の把握に留意しなければならない。図3.12（e）（f）は既存不適格擁壁の可能性があり，専門家や行政への相談が必要となる。簡易的に擁壁の状況を把握するチェックシートを，次項および図3.13に紹介する。

3）新規に盛土を行う場合

軟弱な地域で，図3.14のように新規盛土を行った後に擁壁を計画する場合は，周辺建物の基礎形式の情報を得ることや，計画擁壁の下部地盤の支持力や沈下特性に対して，十分に注意しなければならない。

①水抜き穴

☐ 擁壁上の地盤も含め排水良好である。（タイプa）表–2参照	0.0
☐ 水抜き穴はあるが，擁壁上の地盤に雨水が浸透しやすい状況にある。（タイプb）表–2参照	1.0
☐ 水抜き穴が設置されていない。（または水抜き穴が$3m^2$に1ヶ所以上・水抜き穴の内径75mm以上を満たしていない状況にある。）（タイプc）表–2参照 ただし，空積みの場合は対象外とする。	2.0

(a) 我が家の擁壁チェックシート（案）の一例
国土交通省：我が家の擁壁チェックシート（案）
http://www.mlit.go.jp/crd/web/jogen/pdf/check.pdf

7）チェック項目	横クラック（ひび割れ）について
調査方法	擁壁表面全体のクラックの有無，クラックがある場合その位置，形状，クラック幅等を測定記録し，写真を撮ります。
対応	必要に応じ注入，モルタル目地詰め等により補修します。
☐ 擁壁表面に横クラックは特にない。	0 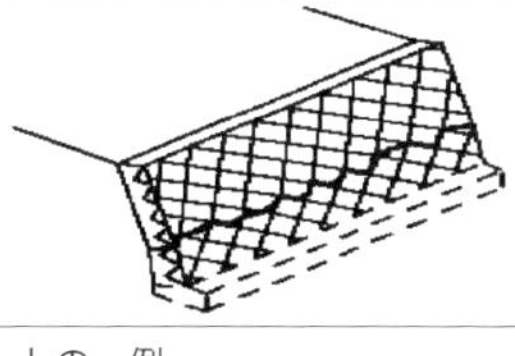
☐ 擁壁表面に水平クラックがあり，クラック幅は1mm〜20mmの範囲である。	4.0
☐ 擁壁表面に水平クラックがあり，クラック幅は20mm以上に開いている。	6.5

(b) 既存擁壁外観チェックシートの一例
神奈川県横浜市：「擁壁・がけ調査票」及び「既存擁壁外観チェックシート」
http://www.city.yokohama.lg.jp/kenchiku/shidou/shidou/toritukai/gakeue/siryou1.pdf

図3.13　チェックシートの紹介

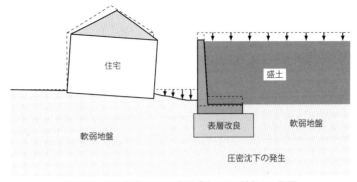

図 3.14　軟弱地域における新規盛土の周辺地盤への影響

3.1.3　各種地盤調査

1）ボーリング

　ボーリングとは，標準貫入試験やボーリング孔内載荷試験などの原位置試験を行うための孔（あな）を掘削する作業のことであり，地盤構成の確認や土質試験用の試料採取（撹乱試料）を行うことができる。**図 3.15** に装置例を示す。不撹乱試料を採取する場合は別途，サンプリングについて検討する必要がある。

　以下に，現在一般に行われている地盤調査を紹介する。

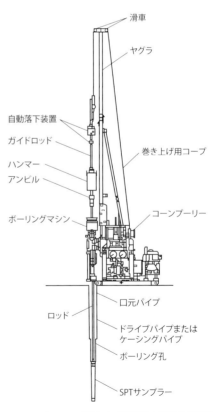

図 3.15　ボーリング機および標準貫入試験装置例[11]

①標準貫入試験（Standard Penetration Test，略称：SPT）（JIS A 1219：2013）

標準貫入試験（以下，SPT）は，質量約 63.5kg のハンマーを約 76cm の高さから落下させ，SPT サンプラーを約 30cm 打ち込む際に要する打撃回数（N 値）にて地盤の硬軟を評価し，サンプラーの中に入った試料を観察することで土層構成を把握する動的貫入試験である。図 3.15 にボーリング時に行う標準貫入試験装置例を示し，図 3.16 に SPT サンプラーを示す。

SPT は，あらゆる地盤に対応しており，得られる地盤定数も多いことから，擁壁を計画するうえでの基本的な調査である。

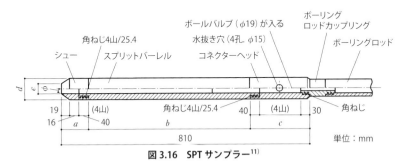

図 3.16　SPT サンプラー[11]

②孔内水平載荷試験（JGS 1531-2012）

擁壁下部に杭を設ける場合には，地盤の変形係数から水平地盤反力係数を把握する必要がある。孔内載荷試験は，ボーリング孔を利用し，任意の深度にて地盤を水平方向に圧力を加え，その際の変位から地盤の変形係数求める試験である。現在は基準の統廃合により，「地盤の指標値を求めるためのプレッシャーメータ試験（JGS 1531-2012）」となっている。図 3.17，3.18 に試験の基本構成図と概要を示し，機材一式とプローブを写真 3.3，3.4 に示す。

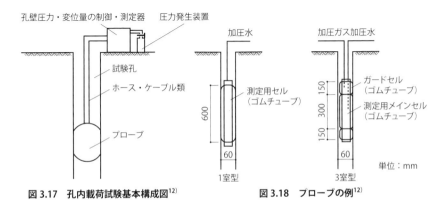

図 3.17　孔内載荷試験基本構成図[12]　　図 3.18　プローブの例[12]

写真 3.3　孔内載荷試験機器

ⓐ加圧前　　ⓑ加圧後
写真 3.4　1 室型プローブ例

2）スウェーデン式サウンディング試験（Swedish Weight Sounding Test，略称：SWS 試験）（JIS A 1221：2013）

　スウェーデン式サウンディング試験（以下，SWS 試験）は，静的貫入試験として平成 13 年国土交通省告示第 1113 号第 1 項で規定されており，荷重 W_{sw} と回転数 N_{sw} から地盤の締まり具合を連続的に判断することができる簡易的な地盤調査法であり，宅地地盤の支持力評価に広く用いられている。**表 3.3** に，SWS 試験の概要一覧を示す。

　また，**図 3.19** に手動型，**写真 3.5** に全自動型の SWS 試験機，**図 3.20** にスクリューポイントの形状を示す。

　SWS 試験は，**表 3.3** に示すように適用深度が 10m 程度であり，地盤の硬さも N 値に換算して 15 程度である。したがって，調査深度が 10m 以上になる場合や杭の支持層を把握する場合は，標準貫入試験またはラムサウンディング試

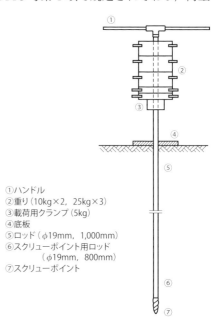

①ハンドル
②重り（10kg×2，25kg×3）
③載荷用クランプ（5kg）
④底板
⑤ロッド（φ19mm，1,000mm）
⑥スクリューポイント用ロッド
　　（φ19mm，800mm）
⑦スクリューポイント

図 3.19　手動型 SWS 試験機[11]

写真 3.5 全自動型 SWS 試験機例

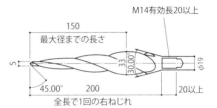

図 3.20 スクリューポイントの形状[11]
（単位 mm）

験などの動的貫入試験を実施する必要がある。なお，現在では回転を自動で行う半自動試験機や，計測まで自動で行う全自動試験機も数多く開発されており，試験孔を利用した土質サンプリングや水位測定技術なども開発されている。

表 3.3 SWS 試験の概要一覧

概要	スクリューポイントを地盤に貫入させ，そのときの貫入に要する荷重（W_{sw}）と回転数（N_{sw}）を測定する調査法
規格・基準	JIS A 1221-2013
分類	静的貫入試験（国土交通省告示第 1113 号第 1 項）
適用範囲	貫入不能となる玉石，レキを除くあらゆる地盤に対して測定可能。測定深度はおおむね 10m 程度
試験装置	手動式・半自動式・全自動式
試験方法	①長さ 0.8m のロッド（外径 19mm）に，長さ 0.2m のスクリューポイント（最大径 33mm）を取り付ける。 ②重り（クランプ含む）を段階的（0.05，0.15，0.25，0.50，0.75，1.00kN）に載荷し，それぞれの荷重段階での貫入量を測定する。 ③1.00kN でロッドの貫入が止まった場合は，その貫入量を測定した後，鉛直方向に力が加わらないように右回りに回転させ，次の目盛り線まで貫入させるのに要する半回転数（N_a）を測定する。これ以降の測定は，25cm（目盛り線）ごとに行う。 ④回転貫入の途中で，貫入速さが急激に増大した場合は，回転を停止して，1.00kN の荷重だけで貫入するかどうかを確かめる。貫入する場合は速やかに徐荷した後②に，貫入しない場合は③の操作を行う。 ⑤載荷装置下端が地表面付近に達したら荷重を除荷し，長さ 1m のロッドを継足し，②〜④の操作を行う。
測定値	スクリューポイントの貫入抵抗値 W_{sw}：貫入に必要な荷重 N_{sw}：半回転数（N_a）と貫入量 L から 1m 当たりに換算した半回転数 $N_{sw}=(100/L) \times N_a$ N_a：貫入量 L に要した半回転数

3）動的コーン貫入試験（JGS 1437-2014）

大型動的コーン貫入試験（通称：オートマチックラムサウンディング（SRS））は，SWS試験で計測できない硬質層（支持層）の層厚確認などを行う際に多く利用されている。

この試験は，ハンマーの質量が標準貫入試験と同じ63.5kg，落下高さが500mmであり，コーンの直径は45.0mm・貫入量200mm毎の打撃回数（N_{dm}値）および打撃後のロッドの回転トルク（M_V）を計測する試験である。落下高さはSPTの2/3であり，貫入量もSPTの2/3であるため，単位長さ当たりの打撃エネルギーは等しい。ただし，SRSは連続的に調査を続けるため，ロッドに発生した周面摩擦力相当の打撃回数N_{mantle}をトルクから算定し，N_{dm}値から差し引くことで，補正打撃回数N_d値≒N値として地盤を評価する。試験機の全景を**写真3.6**，ロッドと先端コーンの形状を**図3.21**に示し，試験結果の例を**図3.22**に示す。なお，中型動的コーン貫入試験（通称：ミニラムサウンディング（MRS））は大型動的コーン貫入試験の1/2の打撃エネルギーで計測できる軽量化した装置であり，ハンマーの質量は30kg，落下高さが350mmであり，コーンの直径は36.6mm・貫入量は200mmごとに計測する方法である。標準貫入試験の補助的なものであったが，近年では宅地地盤の調査で用いられるようになってきている。

1 ロッド（φ32mm×1,000 mm，質量5kg）
2 カップリング
3 先端コーン（先端角90°，外径45mm，内径32mm，円筒部長90mm，質量0.4kg，標準ロッドに差し込み）

図3.21　ロッドと先端コーン[14]

写真3.6　ラムサウンディング試験機例

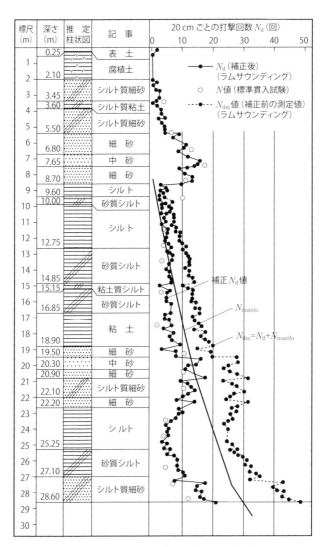

図 3.22　ラムサウンディング試験結果例[14]

4）電気式コーン貫入試験（JGS 1435-2012）

電気式静的コーン貫入試験は，宅地地盤では主に液状化の判定に用いられる。この試験（通称：CPT）は，コーンの先端抵抗，周面摩擦，間隙水圧の三つを電気的に測定できるセンサー（コーンプローブ）を地中に貫入するところに特徴がある。通称：三成分コーンとも呼ばれる。他のサウンディングに比べて，間隙水圧と摩擦力を直接測定することに大きな特徴があり，これ

ら三つの地盤データから土質判別，地下水位，地盤の強度や圧密評価など多くの解析に利用できるが，貫入性の面において少々難がある。

図 3.23 に電気式コーン貫入試験機例，**写真 3.7**・**図 3.24** にコーンプローブ例を示し，**写真 3.8** に電気式コーン貫入試験状況を示す。

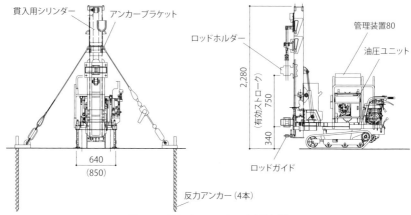

図 3.23　電気式コーン貫入試験機例[15]

写真 3.7　コーンプローブ例

写真 3.8　電気式コーン貫入試験状況

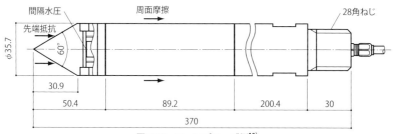

図 3.24　コーンプローブ例[15]

5) 平板載荷試験（JGS 1521-2012）

平板載荷試験は，基礎を設置する地盤面に載荷板（φ300mm）を通じて荷重を加え，荷重と沈下量の関係から地盤の許容支持力度を求めるために行う原位置試験である。**図3.25** に，平板載荷試験の装置例を示す。

平板載荷試験により支持力を評価している地盤の範囲は，載荷板幅の1.5～2.0倍（0.45～0.6m程度）と非常に狭い範囲のため，基礎設置面付近の地盤が設計対象層（最弱層）となる地盤の場合に有効な調査である。

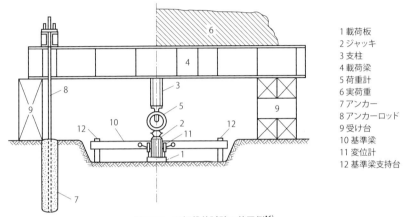

1 載荷板
2 ジャッキ
3 支柱
4 載荷梁
5 荷重計
6 実荷重
7 アンカー
8 アンカーロッド
9 受け台
10 基準梁
11 変位計
12 基準梁支持台

図3.25　平板載荷試験の装置例[16)]

6) サンプリング

地盤調査はあくまで，地盤の構成や強さを調べるものであり，土質定数は過去のデータによる経験式から推定しているにすぎない。より精度の高い土質定数を得るためにはサンプリング（採取）を行い，それによる室内土質試験から求める必要がある。サンプリングには，**図3.26** に示すように不撹乱試料と撹乱試料に分類され，いくつかサンプリングの種類がある。代表的なブロックサンプリングと，サンプラーによるサンプリングを以下に示す。

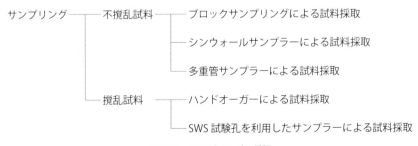

図3.26　サンプリングの種類

ⓐブロックサンプリング（JGS 1231-2012）

図3.27は，切り出し式ブロックサンプリングの手順を示したものである。掘削した地表面から，手掘りによって塊状の乱さない試料を採取する方法である。

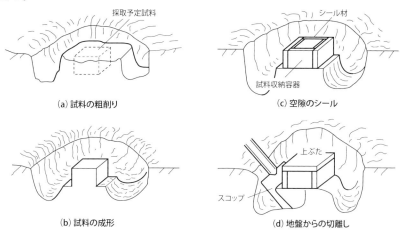

図 3.27　ブロックサンプリングの一例[17]

ⓑサンプラーによるサンプリング

ボーリングによって，採取しようとする土層まで掘孔し，ロッドの先端に，例えば**図3.28**（a）のようなサンプラーを取り付け，サンプリングチューブを地盤に貫入させて土を採取する。採取方法の概念を**図3.28**（b）に示す。

造成宅地地盤の擁壁を設計するうえで，サンプリングを行うことはまれであるが，腐植土のような特殊土が存在していることが明らかな場合は，**写真3.9**に示すようなハンドオーガを使用する場合や，**写真3.10**に示すSWS試験孔を利用した簡易サンプラーなどがある。このようなサンプリングによって，より正確な支持力や沈下量を求める場合もある。

写真 3.9　ハンドオーガの種類[18]

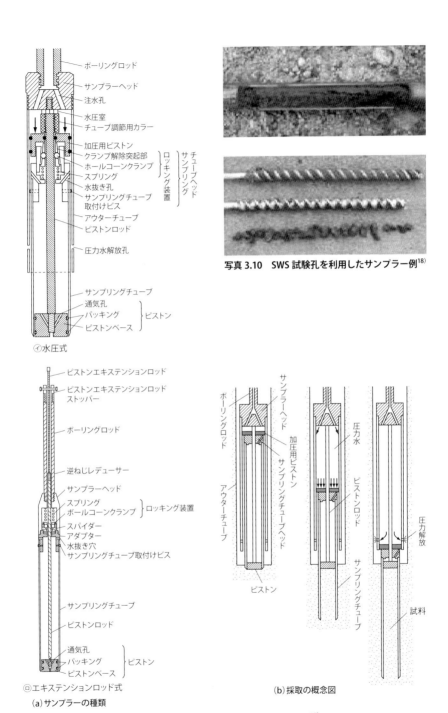

写真 3.10 SWS 試験孔を利用したサンプラー例[18]

図 3.28 サンプラーの種類と採取の概念図[17]

3.1.4 地盤定数の求め方

擁壁の安定計算および地盤補強計算時に必要な地盤定数は，表3.4に示す各種調査法および物理試験により求める。

表 3.4 各種地盤定数の求め方

項目		記号	地盤調査						サンプリング	
			ボーリング		スウェーデン式サウンディング試験	動的コーン貫入試験	電気式コーン貫入試験	平板載荷試験	不撹乱試料	撹乱試料
			標準貫入試験	孔内載荷試験						
			SPT	LLT	SWS	SRS, MRS	CPT			
N 値			◎	×	○	○	○	×		
内部摩擦角		ϕ	○	×	○	○	○	×	◎	
粘着力		c	○	×	○	○	○	×	◎	
単位体積重量		γ	○	×	□	□	△	×	◎	○
土質分類			◎	×	□	□	○	×	◎	◎
孔内水位（地下水位）			◎	×	□	□	○	×		
許容鉛直支持力度		q_a	○	×	◎	○	◎	◎		
地盤の変形係数		E	○	◎	△	△	△	×	◎	

※◎：直接計測可能，○：換算式があり推定可能，△：2回以上換算するため推定精度が劣る，
□：オプション調査により推定可能，×：推定不可

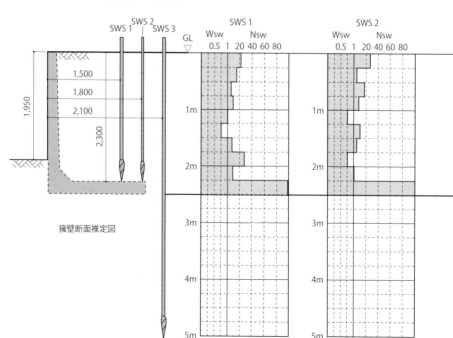

図 3.30 既存擁壁の安定性の評価例（単位 mm）

3.2 既存擁壁の安定性の評価方法

既存擁壁の健全性の評価は，すでに「3.1.2 現地踏査」で述べた。ここでは，既存擁壁の安定性の評価方法について述べる。**図3.29**は，SWS試験による擁壁下部地盤の支持力確認方法である。

なお，新規擁壁の支持力については第4章で述べる。既存擁壁の底版幅が不明な場合でも，SWS試験などを利用して擁壁の断面形状を推定し，概算の安定計算を行うことが望ましい。**図3.30**に，既存擁壁の安定性の評価例示す。

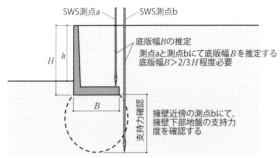

図3.29 擁壁下部地盤の支持力確認方法

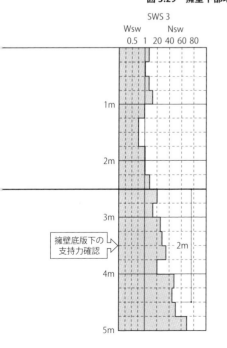

手順　①SWS1 実施→底版深度確認 2.3m
　　　②SWS2 実施→底版確認 2.3m
　　　③SWS3 実施→底版直下支持力確認
　　　　→底版幅は 1.8m〜2.1m の範囲
　　　④概算擁壁断面の想定
　　　⑤支持地盤の許容支持力度算定
　　　　SWS3 から q_a=48kN/m^2
　　　⑥擁壁の概算設計
　　　　転　倒………ok
　　　　滑　動………ok
　　　　接地圧 $\sigma_e > q_a$………out

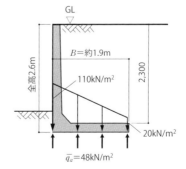

第 4 章

擁壁の安定計算

擁壁設計の検討

構造安定性の検討

4.1 擁壁設計の検討

一般的な擁壁設計の検討フローは，図4.1のとおりである。基本的には，断面寸法を仮定した後，土圧などの荷重計算を行い，安定計算で問題がなければ，配筋計算を行う流れとなる。なお，標準設計図を利用する場合，必要な地盤支持力を満足しているか地盤調査の検討が必要である。

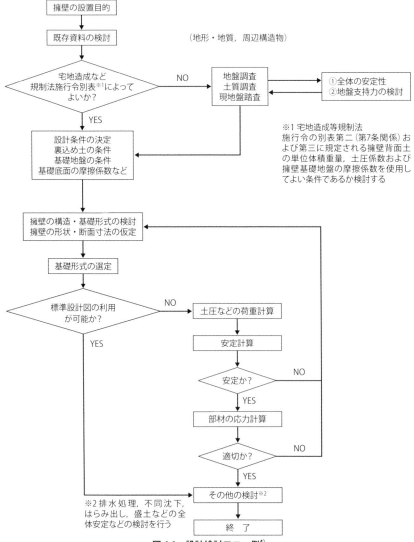

図4.1 設計検討フロー例[4]

4.2 構造安定性の検討

宅地造成等規制法施行令第7条では、鉄筋コンクリート造、無筋コンクリート造の擁壁の構造は、以下の事項に関して確認することが規定されている。また、安全率を表4.1にまとめ、安定計算における擁壁の変位状態を図4.2に示す。

①土圧、水圧および自重によって、擁壁が破壊されないこと
②土圧などによって、擁壁が転倒しないこと
③土圧などによって、擁壁の基礎が滑らないこと
④土圧などによって、地盤が支持力破壊しないこと
⑤土圧などによって、擁壁が沈下しないこと

ただし、沈下の検討は土を採取し、土質試験を実施しなければならず、通常は不同沈下が問題とされる条件がなければ、沈下の検討は省略している。本来は、沈下の影響を考慮した支持力評価（地耐力評価）が適当であり、これは「4.2.3 地盤の許容支持力度に対する安全性」（65頁）で述べる。

表 4.1 安全率のまとめ

	転倒	滑動	支持力
常時	1.5	1.5	3.0
中地震時	1.2	1.2	2.0
大地震時	1.0	1.0	1.0

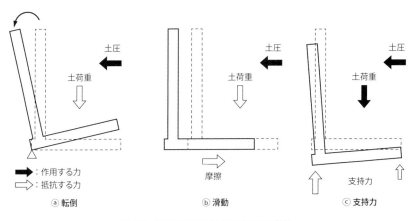

図 4.2 安定計算における擁壁の変位状態

4.2.1 転倒に対する安全性

転倒とは，**図 4.3** に示す底版の底面の前端（A 点）を中心として擁壁を前方に回転する挙動であり，その原因となる土圧により作用する力を転倒モーメント M_o という。これに対して，擁壁の自重と底版上にある土の重量，上載荷重などによって，同じ軸のまわりに逆向きの回転に抵抗する力を抵抗モーメント，あるいは安定モーメント M_r という。安定モーメントは，底版直上にある土が擁壁の自重と一緒に抵抗するものと考えて計算する。

図 4.3 に示したように，土圧の合力 P_A の作用線と底版前端の A 点との距離を n とすれば，転倒モーメント M_o は次式で与えられる。

$$M_o = P_A \cdot n \tag{4.1}$$

擁壁の自重と底版直上の土の重量，および上載荷重の和を W とし，その作用線と A 点の水平距離を a とすれば，抵抗モーメント M_r は次式で与えられる。

$$M_r = W \cdot a \tag{4.2}$$

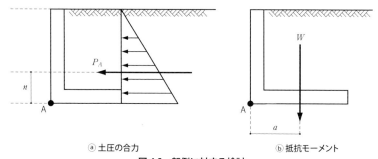

ⓐ 土圧の合力　　　　　　　　　ⓑ 抵抗モーメント

図 4.3　転倒に対する検討

転倒に対する安全率 F_S は次式で評価する。また，常時・地震時・大地震時の転倒による安全率は**表 4.1** に示したとおりである。

$$F_S = \frac{\text{抵抗モーメント } M_r}{\text{転倒モーメント } M_o} \tag{4.3}$$

なお，設計においては**図 4.4** に示す合力 R の作用点は，底版中央からの偏心距離 e が**表 4.2** を満足することが望ましい。

擁壁底版のつま先から，擁壁に作用する力の合力 R の作用点までの距離 d を，次式により求める。

$$d = \frac{M_r - M_o}{V} = \frac{M_r - M_o}{W + P_v} \tag{4.4}$$

W：鉛直方向の自重と上載荷重の和（kN/m）
P_v：単位幅当たりの土圧合力の鉛直成分（kN/m）
合力 R の作用点の底版中央からの偏心距離 e は次式で表わされる。

$$e = \frac{B}{2} - d \tag{4.5}$$

ここに，
　B：擁壁底版幅（m）
　d：底版つま先から合力作用点までの距離（m）

表 4.2　偏心距離による安定条件[19]）

	偏心距離 e
常時の土圧	$e \leqq B/6$
地震時の土圧	$e \leqq B/2$

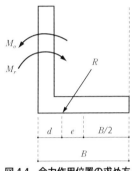

図 4.4　合力作用位置の求め方

4.2.2　滑動に対する安全性

1）安定性

　擁壁には**図 4.5** に示すように，擁壁を底版下面に沿って滑らせようとする滑動力 P_H（$P_H = P_A$）と，これに対して基礎地盤の間に生じる滑動抵抗力 R_H が作用する。滑動抵抗力が不足すると，擁壁は前方に押し出されるように滑動する。滑動に対する抵抗力は，擁壁底版の底面と支持地盤（地業含む）が一体として滑ることを考慮し，地業直下の支持地盤の土のせん断抵抗を用いて検討する。支持地盤が砂質土の場合には内部摩擦角 ϕ に対する $\tan\phi$ を摩擦係数とし，粘着力は無視する。一方，粘性土地盤では，一軸圧縮強さの 1/2 を滑り抵抗力としている。

　滑動に対する安全率 F_S は，次式より評価する。

$$F_S = \frac{\text{滑動に対する抵抗力}\ R_H}{\text{滑動力}\ P_H} = \frac{R_V \cdot \mu + c_B \cdot B}{P_H} \tag{4.6}$$

F_S：滑動安全率（**表 4.1** 参照）

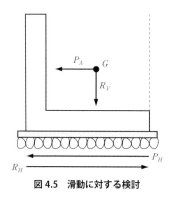

図 4.5 滑動に対する検討

表 4.3 底版底面と支持地盤の摩擦係数の標準値 μ[19] 一部変更

シルトや粘土を含まない細粒土	0.55 ($\phi \fallingdotseq 29°$)
シルトを含む細粒土	0.45 ($\phi \fallingdotseq 24°$)
シルトまたは粘土（フーチング下の厚さ約 10cm の土をよく締め固めた角張った砂または砂利で置換する）	0.35 ($\phi \fallingdotseq 19°$)

［注］ ＊$0.35q \leqq q_u/2$ の場合のみ
　　q：底版底面の平均接地圧（Terzaghi and Peck による）

R_H：底版下面における摩擦抵抗の合力（kN/m）
P_H：底版下面における全水平荷重（kN/m）
R_V：底版下面における全鉛直荷重（kN/m）
μ：擁壁底版と基礎地盤の間の摩擦係数 $\mu = \tan\phi$
　（ϕ：基礎地盤の内部摩擦角 $\mu \leqq 0.6$）
c_B：擁壁底版と基礎地盤の間の粘着力（kN/m^2）
B：基礎底版幅（m）

　μ は底版の底面と地盤との間の摩擦係数で，「建築基礎構造設計指針」に標準値として**表 4.3** に示されている。

　式（4.7）は接地圧分布が一様で，この接地圧の範囲では摩擦係数が変化しないという仮定に基づいている。したがって，接地圧の偏心が，極端に大きい場合は注意を要する。支持地盤が粘性土の場合，R_H は次式で与えられる。

$$R_H = \frac{B_e \times q_u}{2} \tag{4.7}$$

B_e：底版底面の接地圧が 0 の部分（浮き上がり部）を除いた幅（m）
q_u：支持地盤の一軸圧縮強さ（kN/m^2）

2）突起

　滑動安全率のみが目標安全率を満足しない場合は，**図 4.6** に示すような突起を設けることも選択肢の一つである。突起の高さは底版幅の 10〜15％の範囲とし，底版幅は突起なしでも滑動に対する安全率 1.0 を確保できる幅とするのが基本である。また，突起は原則として硬質地盤に設け，地盤を乱さないように掘削しなければならない。

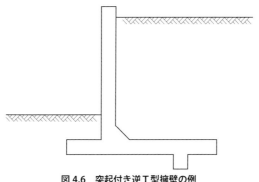

図 4.6 突起付き逆 T 型擁壁の例

4.2.3 地盤の許容支持力度に対する安全性

1) 既往の許容支持力度算定式について

擁壁下部地盤の許容鉛直支持力度（以下，支持力）は，以下に示す方法によって算定する。

①土質試験結果を利用した支持力式による方法
②平板載荷試験結果を利用する方法
③スウェーデン式サウンディング試験結果を利用する方法

鉛直支持力を算定する際の地盤定数は，適切な地盤調査結果および土質試験などから設定する。

①土質試験結果を利用した支持力式による方法

この式は，テルツァーギの修正支持力式である。

長期　$q_a = \dfrac{1}{3}\left(\underbrace{i_c \alpha c N_c}_{\text{粘着力に起因}} + \underbrace{i_r \beta \gamma_1 B N_r}_{\text{土の自重に起因}} + \underbrace{i_q \beta \gamma_2 D_f N_q}_{\text{根入れに起因}}\right)$ 　　　(4.8)

短期　$q_a = \dfrac{2}{3}\left(i_c \alpha c N_c + i_r \beta \gamma_1 B N_r + i_q \beta \gamma_2 D_f N_q\right)$ 　　　(4.9)

N_c, N_γ, N_q：支持力　※図 4.10，表 4.4 を参照
c：支持地盤の粘着力（kN/m^2）
γ_1：支持地盤の単位体積重量（kN/m^3）
γ_2：根入れ部分の土の単位体積重量（kN/m^3）
　　（γ_1, γ_2 には，地下水位以下の場合には水中単位体積重量を用いる）
α, β：基礎の形状係数

$\iota_c,\ \iota_r,\ \iota_q$：荷重の傾斜に対する補正係数　※図 **4.7** 参照

$$\iota_c = \iota_q = (1 - \frac{\theta}{90})^2$$

$$\iota_r = (1 - \frac{\theta}{\phi})^2 \quad (ただし，\theta > \phi の場合には \iota_\gamma = 0)$$

ϕ：土の内部摩擦角（°）

θ：荷重の傾斜角（°）

　　$\tan\theta = H/V$（H：水平荷重，V：鉛直荷重）で，かつ $\tan\theta \leqq \mu$
　　（μ は基礎底面の摩擦係数）※図 **4.7** 参照

　　$B=$ 基礎幅（m）

　　（短辺幅，荷重の偏心がある場合には有効幅 B_e を用いる）※図 **4.8** 参照

D_f：根入れ深さ（m）

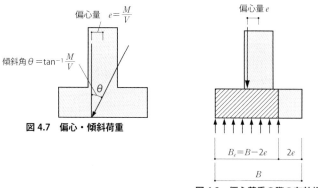

図 **4.7**　偏心・傾斜荷重

図 **4.8**　偏心荷重の際の有効幅

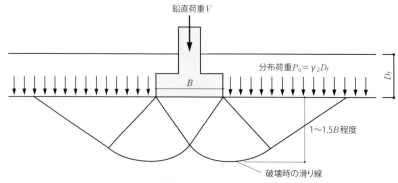

図 **4.9**　剛なフーチング基礎の破壊時の滑り線（全般せん断破壊）

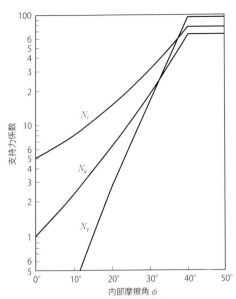

図 4.10　支持力係数と内部摩擦角 φ の関係[20]

表 4.4　支持力係数[20]

φ	N_c	N_q	N_r
0°	5.1	1.0	0.0
5°	6.5	1.6	0.1
10°	8.3	2.5	0.4
15°	11.0	3.9	1.1
20°	14.8	6.4	2.9
25°	20.7	10.7	6.8
28°	25.8	14.7	11.2
30°	30.1	18.4	15.7
32°	35.5	23.2	22.0
34°	42.2	29.4	31.1
36°	50.6	37.8	44.4
38°	61.4	48.9	64.1
40°以上	75.3	64.2	93.7

表 4.5　形状係数[20]

基礎底面の形状	連続	正方形	長方形	円形
α	1.0	1.2	$1.0+0.2\dfrac{B}{L}$	1.2
β	0.5	0.3	$0.5-0.2\dfrac{B}{L}$	0.3

B：長方形の短辺長さ，L：長方形の長辺長さ

表 4.6　基礎荷重面下の地盤の種類に応じた係数[21]

係数	地盤の種類		
	密実な砂質地盤	砂質地盤（密実なものを除く）	粘土質地盤
N'	12	6	3

②平板載荷試験結果を利用した支持力式

長期　　$q_a = q_t + \dfrac{1}{3} N' \gamma_2 D_f$ 　　　　　　　　　　　　　　(4.10)

短期　　$q_a = 2q_t + \dfrac{1}{3} N' \gamma_2 D_f$ 　　　　　　　　　　　　　(4.11)

γ_2：基礎荷重面より上方にある地盤の平均単位体積重量または水中単位体積重量（kN/m^3）

D_f：基礎に近接した最低地盤面から基礎荷重面までの深さ（m）

q_t：平板載荷試験による降伏荷重度の 2 分の 1 の数値または極限応力度の 3 分の 1 の数値のうちいずれか小さい数値（kN/m^2）

N'：基礎荷重面下の地盤の種類に応じての表 4.6 に掲げる係数

また，平板載荷試験結果から下式を用いて地盤定数を算出し，①にて示し

た支持力式を用いて算出することもできる。

粘土地盤の場合：$c \cdot N_c = \dfrac{q_{test}}{\alpha_t}$ (4.12)

砂質地盤の場合：$\gamma_1 \cdot N_\gamma = \dfrac{q_{test}}{\beta_t \cdot B_t}$ (4.13)

　q_{test}：平板載荷試験の最大接地圧
　α_t, β_t：載荷板の形状係数
　B_t：載荷板の幅

③スウェーデン式サウンディング試験結果を利用する方法
　$q_a = 30 + 0.6\overline{N_{sw}}$（告示式）※ (4.14)
　$q_a = 30\overline{W_{sw}} + 0.64\overline{N_{sw}}$（日本建築学会推奨式） (4.15)
　$\overline{W_{sw}}$：SWS試験における貫入時の荷重の平均（kN）
　$\overline{N_{sw}}$：SWS試験における貫入量1m当たりの半回転数（150を超える場合は150とする）の平均値（回）

　※告示式の場合，1kN以下の自沈層では $q_a = 0$（kN/m²）とみなす。

SWS試験結果から一軸圧縮強さ q_u および N 値を推定できるため，下式を用いて土質定数（c, ϕ）を算出し，①にて示した支持力式を用いることができるが，二重外挿であるから，得られる支持力値は参考値程度にとどめるべきである。

　$N = 2W_{sw} + 0.067N_{sw}$（砂質土） (4.16)
　$N = 3W_{sw} + 0.050N_{sw}$（粘性土） (4.17)
　$q_u = 45W_{sw} + 0.75N_{sw}$ (4.18)
　　N：N 値
　　W_{sw}：荷重の大きさ（kN）
　　N_{sw}：貫入量1m当たりの半回転数
　　q_u：一軸圧縮強さ（kN/m²）

　$\phi = \sqrt{20N} + 15$（大崎の式） (4.19)
　　ϕ：内部摩擦角（°），ただし $\phi \leqq 40°$
　　N：N 値

　$c = \dfrac{q_u}{2}$ (4.20)
　　c：粘着力（kN/m²）
　　q_u：一軸圧縮強さ（kN/m²）

2) 本書で提案する許容鉛直支持力度

地盤の支持力とは，地盤の破壊に対する抵抗力をいう。その代表が，テルツァーギの修正支持力式である。告示式では，地盤の許容支持力度ではなく，地盤の許容応力度と称されている。しかし，告示式，日本建築学会推奨式とも基礎底版から深さ2mまでを検討対象範囲とすることを考えると，この二つの式は，地盤の抵抗力というよりも，地盤の変形をも考慮した地盤の許容地耐力度の算定式とみなす方が妥当である。さらに，厳密な見方をすると，せん断破壊や沈下に及ぼす地中応力の影響範囲は基礎幅Bの2倍程度であるから，かなり深部まで影響が及ぶことになる。この影響範囲は沈下を考慮した支持力としてみなし，本書では参考文献22)に基づき，支持力に影響する深さ方向の寄与度を考慮した許容地耐力算定式を提案することにした。

すなわち，**図4.11**に示すように影響範囲地盤（$2B$）を3分割し，それぞれの寄与度（重み係数）を考慮した。なお，式中のq_aは告示式の地盤の許容応力度を意味する。

$$q_a = \frac{q_{a1} \times 3 + q_{a2} \times 2 + q_{a3} \times 1}{6} \tag{4.21}$$

以上より，SWS試験から地盤の許容鉛直支持力度を求める場合，告示式，日本建築学会推奨式，本書推奨式で得られた三つの式のうち，最小値を採用されることを奨めたい。

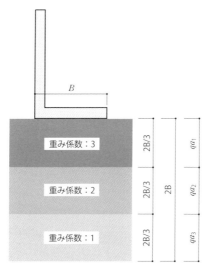

図4.11　支持力を算出する際の影響範囲および重み係数

例題1：地盤の許容鉛直支持力度の計算例

基礎幅3.0m，根入れ深さ0.5mの擁壁がある。SWS試験結果をもとに，告示式，日本建築学会推奨式，本書推奨式をもとに，許容鉛直支持力度を算出する。

・告示式（GL－0.50m～2.50m）

$$q_a = \frac{1}{2.00} \times 0.25 \times (58.8 + 78.0 + 84.0 + 60.0) = 35.1 \text{kN/m}^2$$

表4.7　SWS試験結果

深さ（m）	W_{SW} (kN)	N_{SW} (回数)	q_a (kN/m²)	検討範囲
0.25	1	20	42.0	
0.50	1	12	37.2	
0.75	1	48	58.8	
1.00	0.75	0	0.0	
1.25	0.5	0	0.0	
1.50	1	80	78.0	
1.75	1	90	84.0	q_{a1}
2.00	1	50	60.0	
2.25	0.75	0	0.0	
2.50	1	0	0.0	
2.75	1	12	37.2	
3.00	1	40	54.0	
3.25	1	20	42.0	
3.50	1	0	0.0	
3.75	1	0	0.0	q_{a2}
4.00	1	40	54.0	
4.25	1	10	36.0	
4.50	1	40	54.0	
4.75	1	0	0.0	
5.00	0.75	0	0.0	
5.25	1	0	0.0	
5.50	1	0	0.0	
5.75	1	4	32.4	q_{a3}
6.00	1	8	34.8	
6.25	1	0	0.0	
6.50	1	0	0.0	
6.75	1	0	0.0	

※告示式，本書提案式では1kN自沈以下の地盤の許容応力度 q_a は 0（kN/m²）としている

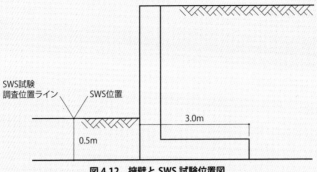

図 4.12 擁壁と SWS 試験位置図

- 日本建築学会式（GL－0.50m～2.50m）

$W_{sw}=\dfrac{1}{2.00}\times 0.25\times(1\times 5+0.75\times 2+0.5)=0.88\text{kN}$

$N_{sw}=\dfrac{1}{2.00}\times 0.25\times(48+80+90+50)=33.5$

$q_a=30W_{sw}+0.64N_{sw}=(30\times 0.88)+(0.64\times 33.5)=47.8\text{kN/m}^2$

- 本書推奨式（GL－0.50m～6.50m）

GL－0.50m～2.50m

$q_{a1}=\dfrac{1}{2.00}\times 0.25\times(58.8+78.0+84.0+60.0)=35.1\text{kN/m}^2$

GL－2.50m～4.50m

$q_{a2}=\dfrac{1}{2.00}\times 0.25\times(37.2+54.0+42.0+54.0+36.0+54.0)=34.7\text{kN/m}^2$

GL－4.50～6.50m

$q_{a3}=\dfrac{1}{2.00}\times 0.25\times(32.4+34.8)=8.4\text{kN/m}^2$

$q_a=\dfrac{1}{6}\times(3\times 35.1+2\times 34.7+8.4)=30.5\text{kN/m}^2$

以上より，本書推奨式による 30.5kN/m² を地盤の許容鉛直支持力度として決定する。

第5章

土圧の算定法

クーロンの主働土圧
地震時土圧
水圧を考慮した土圧の考え方
擁壁全体の滑り検討

5.1 クーロンの主働土圧

クーロン（Coulomb）が 1773 年に発表した土圧論であり，壁背面に三角形状の土くさびがあると仮定し，そのくさびが滑り落ちようとするとき，あるいは滑り面に沿って押し上げられるときの三角形のくさびの静力学的な力の釣り合いから，主働土圧および受働土圧を導いた理論である。擁壁の設計においては，擁壁は土に押されて変形する場合のみを対象にするので，扱う土圧は主働土圧のみとなる。

1) 壁背面が鉛直，背面土が水平，壁面と土との間に摩擦がない場合

図 5.1 (a) に示すように，壁背面が鉛直，背面土が水平で壁面と土との間に摩擦がない擁壁を考える。背面土の内部摩擦角を ϕ，滑り面の角度を ω とすると，図 5.1 (b) のような釣り合いが成り立つ。W を奥行 1m 当たりの重量にみなすと，式 (5.1) が成り立つ。

$$W = \frac{1}{2} H \cdot \frac{H}{\tan \omega} \cdot \gamma_t \quad (\mathrm{kN/m}) \tag{5.1}$$

そして，図 5.1 (c) のような連力図より，力 P は

$$P = W \tan(\omega - \phi) \quad (\mathrm{kN/m}) \tag{5.2}$$

式 (5.1) を式 (5.2) に代入すると，

$$P = \frac{1}{2} \gamma_t \cdot H^2 \frac{\tan(\omega - \phi)}{\tan \omega} \quad (\mathrm{kN/m}) \tag{5.3}$$

P の最大値が主働土圧合力 P_A となる。P が最大になるのは $dP/d\omega = 0$ であるから，式 (5.3) を微分すると，

$$90° - \omega = \omega - \phi$$
$$\therefore \omega = 45° + \phi/2 \tag{5.4}$$

これを式 (5.3) に代入すると，

$$P_A = \frac{1}{2} \gamma_t \cdot H^2 \tan^2\left(45° - \frac{\phi}{2}\right) \quad (\mathrm{kN/m}) \tag{5.5}$$

なお，$\tan^2\left(45° - \frac{\phi}{2}\right)$ とは $\left(\tan 45° - \frac{\phi}{2}\right)^2$ のことである。

2) 壁背面が傾き地表面が傾斜した壁面摩擦を有する一般的擁壁

図 5.2 (a) のような一般的擁壁の場合は，図 5.2 (b) のような連力図より，P_A と K_A は式 (5.6) と式 (5.7) のように求められる。P_A は壁の底面より $H/3$ の位置に作用する。

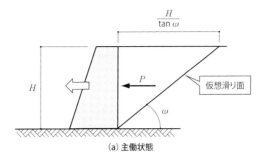

(a) 主働状態

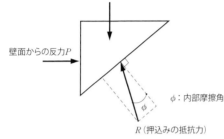

(b) くさびに作用する力

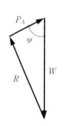

(c) 連力図

図 5.1　クーロンの主働土圧合力

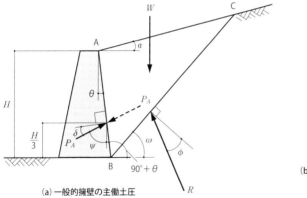

(a) 一般的擁壁の主働土圧

(b) 力の釣合いの連力図

図 5.2　一般的擁壁のクーロンの主働土圧合力

$$P_A = \frac{1}{2}\gamma_t \cdot H^2 K_A \quad (\mathrm{kN/m}) \tag{5.6}$$

$$K_A = \frac{\cos^2(\phi-\theta)}{\cos^2\theta \cdot \cos(\theta+\delta) \cdot \left\{1+\sqrt{\dfrac{\sin(\phi+\delta)\cdot\sin(\phi-\alpha)}{\cos(\theta+\delta)\cdot\cos(\theta-\alpha)}}\right\}^2} \tag{5.7}$$

3）背面土に載荷重がある場合

図 5.3 に示すように，背面土に q の等分布荷重が作用する場合，主働土圧合力 P_A は q を無視した P_{A1} と q による増加土圧 P_{A2} の合計として以下のように表す。

$$P_A = P_{A1} + P_{A2}$$
$$= \frac{1}{2} \gamma_t H^2 K_A + qHK_A \tag{5.8}$$

すなわち，

$$P_{A1} = \frac{1}{2} \gamma_t H^2 K_A \ (\mathrm{kN/m}) \tag{5.9}$$

$$P_{A2} = qHK_A \ (\mathrm{kN/m}) \tag{5.10}$$

P_A の作用点 h_A は，式（5.11）より求められる。

$$h_A = \frac{P_{A1} \cdot \frac{1}{3}H + P_{A2} \cdot \frac{1}{2}H}{P_A} = \left(\frac{P_{A1}}{3} + \frac{P_{A2}}{2}\right) \cdot \frac{H}{P_A} \tag{5.11}$$

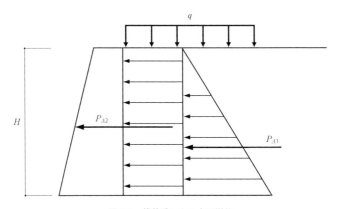

図 5.3　載荷重による土圧増分

5.2　地震時土圧

　地震時の土圧は，震度法を土圧に組み入れた考えが採用されている。震度法とは，地震時に作用する力を構造物の重量に震度 k を乗じることによって，静的な力に置き換える考え方である。

　例えば，震度 k は水平方向に 300 ガル（cm/s^2）の加速度を受けると，その値を重力加速度 980 ガル（cm/s^2）で除するので，300/980≒0.3 となる。

　現在，地震時の土圧計算式として，1924 年に提案された物部・岡部の計算式が使用されている。物部博士と岡部博士がそれぞれ提唱した破壊機構から求められた土圧計算式は，一致することがわかっている。

　今，水平震度 k_h と鉛直震度 k_v の合成角 θ_k を表すと，次のようになる。ただし，一般には $k_v=0$ として設計する。

$$\theta_K = \tan^{-1}\left(\frac{k_h}{1-k_v}\right) \tag{5.12}$$

$$K_A = \frac{(1-k_v)\cos^2(\phi-\theta-\theta_E)}{\cos\theta \cdot \cos^2\theta \cdot \cos(\delta+\theta+\theta_K)\left\{1+\sqrt{\frac{\sin(\phi-\alpha-\theta_K)\cdot\sin(\phi+\delta)}{\cos(\delta+\theta+\theta_K)\cdot\cos(\theta-\alpha)}}\right\}^2} \tag{5.13}$$

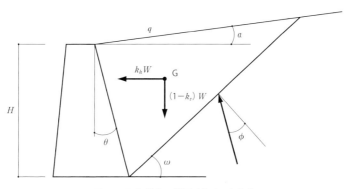

図 5.4　岡部博士の地震時土圧の考え方

※（参考）岡部博士は，**図 5.4** のくさびの重量に震度を掛けて，クーロンの土圧式を適用して地震時土圧を求めた

5.3　水圧を考慮した土圧の考え方

　雨水や地下水が擁壁背面の地盤中ににじみ出ることにより，水を含んだ土の重量が大きくなり，その結果として土圧が増大する。また，裏込め部の地下水位が上昇することにより，擁壁に作用する水圧も増加する。豪雨時における擁壁の倒壊事故は，このような土圧および水圧の増加によるものが多い。このことから，擁壁背面部における裏込め土の排水を確保できるような設計，ならびに施工することが重要である。図 5.5 に示すように，地下水面がある場合の土圧は次式によって求める。

- 地下水位以浅の主働土圧と土圧合力

$$p_{a1}=K_A \gamma Z_1 \text{ (kN/m}^2\text{)}$$

$$P_{A1}=\frac{1}{2}K_A \gamma Z_1^2 \text{ (kN/m)} \tag{5.14}$$

- 地下水位以深の主働土圧と土圧合力

$$p_{a2}=K_A\{\gamma \cdot Z_1+(\gamma-9.81)Z_2\} \text{ (kN/m}^2\text{)} \tag{5.15}$$

$$P_{A2}=\frac{1}{2}(p_{a1}+p_{a2})Z_2 \text{ (kN/m)} \tag{5.16}$$

- 水圧合力

$$P_{W2}=\frac{1}{2}p_{w2} \cdot Z_2 \text{ (kN/m)} \tag{5.17}$$

p_{w2}：水圧（$=9.81Z_2$ (kN/m^2)）

- 全主働土圧合力

$$P=P_{A1}+P_{A2}+P_{W2} \tag{5.18}$$

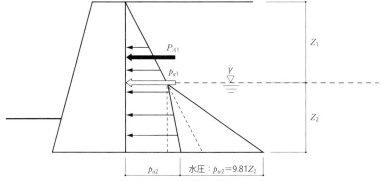

図 5.5　地下水位がある場合の土圧

例題 2：地下水の有無による土圧合力の比較

擁壁背面部の埋戻し土において，地下水の有無によって擁壁自体に作用する土圧合力の差を比較する。

1) 地下水がない場合

図 5.6（a）に示す高さ 4.2m の重力擁壁とし，擁壁背面部の埋戻し土は，湿潤単位体積重量 $\gamma_t = 16 \text{kN/m}^3$，土の粘着力 $c = 0 \text{kN/m}^2$，土の内部摩擦角 $\phi = 30°$ の砂質土であり，地下水ならびに地表面載荷荷重は作用していない。この場合における擁壁の壁面に作用する土圧合力を求める。

- クーロンの主働土圧係数 K_A は，

$$K_A = \tan^2\left(\frac{\pi}{4} - \frac{\phi}{2}\right) = \tan^2\left(45° - \frac{30°}{2}\right) = \tan^2(45° - 15°) = 0.33$$

したがって，土圧合力 P_A は，

$$P_A = \frac{1}{2}\gamma_t Z^2 K_A = \frac{1}{2} \times 16 \times 4.2^2 \times 0.33 = 46.57 \text{ kN/m}$$

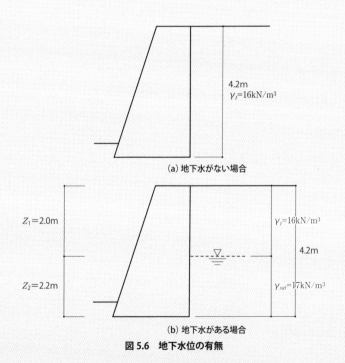

(a) 地下水がない場合

(b) 地下水がある場合

図 5.6　地下水位の有無

2) 地下水が地表面から 2m にある場合

図 5.6 (b) に示すように，地下水位が擁壁底版面から 2.2m 上昇したことにより，地下水面以深の裏込め土は飽和状態となり，そのときの飽和単位体積重量 $\gamma_{sat}=17\text{kN/m}^3$ となった。また，水の単位重量 $\gamma_w=9.81\text{kN/m}^3$ とする。

この場合における擁壁の壁面に作用する土圧と水圧の合力を求める。

- 地表面から 2m までの土圧合力 P_{A1} は，

$$P_{A1}=\frac{1}{2}\gamma_t Z_1^2 K_A=\frac{1}{2}\times 16\times 2.0^2\times 0.33=10.56\text{ kN/m}$$

- 地表面から 2.0m までの土圧 p_{a1} は，

$p_{a1}=K_A\gamma_t Z_1=0.33\times 16\times 2.0=10.56\text{kN/m}^2$

- 地表面から 4.2m までの水平土圧 p_{a2} は，

$p_{a2}=K_A(\gamma Z_1+\gamma_{sat} Z_2)=0.33\times\{16\times 2.0+(17-9.81)\times 2.2\}=15.78\text{kN/m}^2$

したがって，深度 2.0～4.2 間に作用する土圧合力 P_{A2} は，水平土圧の台形分布を考慮して，

$$P_{A2}=\frac{1}{2}(10.56+15.78)\times 2.2=28.97\text{ kN/m}$$

- 水圧合力 P は，

$$P_W=\frac{1}{2}\gamma_W H^2=\frac{1}{2}\times 9.81\times 2.2^2=23.74\text{ kN/m}$$

以上より，擁壁の壁面に作用する水平力（土圧と水圧の合力）は，
$P=P_{A1}+P_{A2}+P_W=10.56+28.97+23.74=63.27\text{kN/m}$

したがって，地下水位がない場合の水平土圧合力は 46.57kN/m となり，地下水位がある場合の水平土圧（土圧と水圧の合力）が 63.27kN/m となる。

このように，地下水位によって土圧は急激に増加するため，擁壁に転倒や滑動のおそれが出てくる。

擁壁設計・施工する場合には，擁壁背面部の埋戻し上部の地下水位を増大しないように配慮することが必要であり，水抜き穴の存在は極めて重要となる。

5.4　擁壁全体の滑り検討

　一般に，滑りの検討を行うことはまれであるが，地盤全体が比較的軟弱と判断した場合は，滑りの検討を行った方がよい。
　擁壁全体の滑りの検討は，以下の円弧すべりの検討によって行う。
① 図 5.7 に示すように，円の中心 O と，半径 r を仮定する。
② O 点を通る鉛直線の左右別々の土と，擁壁の重量によるモーメントを求める。
③ 円弧すべり面に沿った土のせん断抵抗に，半径 r を乗じて得られるモーメントの和を求める。
④ 滑りを止めようとするモーメントの和を M_r，滑りを起こそうとするモーメントを M_0 として，安全率 F_s が 1.5 以上であることを確認する。

$$F_s = \frac{M_r}{M_0} \geqq 1.5 \tag{5.19}$$

すべり面におけるせん断抵抗 s は，次式で求める。

$$s = c + \sigma' \tan\phi \tag{5.20}$$

　　s：せん断抵抗（kN/m²）
　　c：滑り面に沿った土の粘着力（kN/m²）
　　ϕ：滑り面に沿った土の内部摩擦角（°）
　　σ'：滑り面に作用する有効垂直応力（kN/m²）

　すべり面の各位置で土質が異なる場合は，図 5.8 に示すようにすべり面の内側の部分をいくつかの区画に分けて，区画ごとに奥行 1～2m に対する力を計算する。

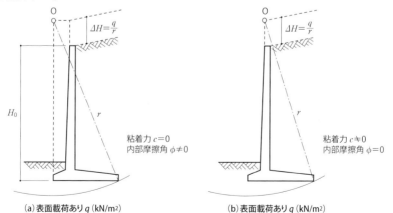

(a) 表面載荷あり q (kN/m²)　　　(b) 表面載荷あり q (kN/m²)

図 5.7　浅いせん断すべり破壊の計算に対するすべり円の中心位置の仮定[19]

- 粘着力によるせん断抵抗力（**図 5.8** 参照）
  $c_n \cdot A_n$ （kN/m） (5.21)
- 内部摩擦角によるせん断抵抗力（**図 5.8** 参照）
  $W_n \cdot \cos\alpha_n \cdot \tan\phi_n$ （kN/m） (5.22)

   c_n：区間 n 内の滑り面位置の土の粘着力（kN/m^2）
   A_n：区間 n の底の滑り面の面積（m^2/m）
   W_n：区間 n 内に含まれる土および擁壁の重量（kN/m）
   α_n：区間 n のすべり面の水平面に対する平均傾斜角（°）
   ϕ_n：区間 n のすべり面位置の土の内部摩擦角（°）

すべり面が地下水面の下を通る場合には，地下水面下の土の重量は水中単位体積重量 γ'（$=\gamma-\gamma_w$）を用いて W_n を計算する。ただし，W_n によるモーメントを計算する場合には，浮力は差し引かない。γ_w は，水の単位体積重量を 9.81kN/m^3 とする。

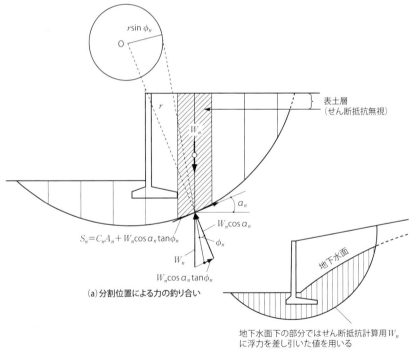

(a) 分割位置による力の釣り合い

(b) 地下水がある場合の配慮

図 5.8　土質が異なる場合の滑りに対する検討方法[19]

第6章

擁壁の計算例

基本事項
L型擁壁の設計例
逆L型擁壁の設計例
逆T型擁壁の設計例
深層混合処理工法における設計例
鋼管杭における設計例
擁壁全体のすべり検討例

6.1 基本事項

6.1.1 支持地盤

支持地盤の決定は，原則として土質調査によるが，「4.2.3 地盤の許容支持力度に対する安全性」（65頁）を参照されたい。

6.1.2 土圧

土圧係数の決定は，原則として土質調査による。「5.1 クローンの主働土圧」（74頁）を参照されたい。

6.1.3 構造体の設計

① 片持ち梁の元端厚さは，部材長さの1/10以上，かつ15cm以上とする。
② 片持ち梁であっても配力筋を設ける。配力筋の鉄筋量は，主鉄筋の鉄筋量の1/6以上確保する。
③ 主筋および配力筋の径は13mm以上とし，間隔は30cm以下とする。
④ 縦筋および基礎スラブの元端は複配筋とする。ただし，高さ1m以下のものは除く。
⑤ 縦筋と基礎スラブの交差部には，原則としてたて壁の厚さ程度のハンチを設ける。

6.1.4 鉄筋

① かぶりは，土に接する部分は6cm以上（基礎にあたっては捨てコンクリートの部分を除いて6cm以上）とし，その他の部分は4cm以上とする。
② 鉄筋は原則として，JIS G 3112に適合したもので，構造計算に基づき鉄筋量を決定する。
③ 主鉄筋の継手は構造部材における引張力の最も小さい部分に設け，継手の重ね長さは溶接する場合を除き，主鉄筋径（径の異なる主鉄筋を継ぐ場合には，細い鉄筋の径）の40倍以上とする。
④ 引張鉄筋の定着される部分の長さは，主鉄筋に溶接する場合を除き，その径の40倍以上とする。

6.1.5 突起

① 突起の高さは，底版幅の 10〜15％の範囲とする。
② 底版幅は，突起なしでも滑動に対する安全率 1.0 を確保できる幅とする。
③ 突起の位置は，擁壁の背面側（後方）に設ける。
④ 原則として硬質地盤に設ける。
⑤ 設置に関しては，地盤を乱されないように掘削する。

6.1.6 根入れ深さ

① 根入れ深さは，原則として 35cm 以上，かつ擁壁高さの 15/1,000 以上確保する。
② 隣地既存構造物に影響を及ぼすおそれがあるときは，土留め工事など適切な防護措置を講じたうえで施工する。

6.1.7 許容応力度

表 6.1 コンクリートの許容応力度および材料強度（N/mm²）

設計基準強度 F_C	長期許容応力度		短期許容応力度		材料強度	
	圧縮	せん断	圧縮	せん断	圧縮	せん断
適応式	$F_C/3$	$F_C/30$ ($F_C \leq 21$) $0.49 + F_C/100$ ($F_C > 21$)	長期×2	長期×1.5	F_C	長期×3
18	6	0.60	12	0.90	18	1.80
21	7	0.70	14	1.05	21	2.10
24	8	0.73	16	1.10	24	2.19
27	9	0.76	18	1.14	27	2.28
30	10	0.79	20	1.19	30	2.37
33	11	0.82	22	1.23	33	2.46
36	12	0.85	24	1.28	36	2.55

表 6.2 鉄筋の許容応力度および材料強度

材質・径 D25 以下	長期許容応力度		短期許容応力度		材料強度（JIS 適合品）	
	圧縮・引張	せん断補強	圧縮・引張	せん断補強	圧縮・引張	せん断補強
適用式	$F/1.5$ かつ 215 以下	$F/1.5$ かつ 195 以下	F	F かつ 390 以下	$1.1F$	F かつ 390 以下
SD295A，B	195	195	295	295	324	295
SD345	215	195	345	345	379	345
SD390	215	195	390	390	429	390

表 6.3　異形鉄筋の付着強度（N/mm²）

設計基準強度 F_C	長期許容応力度		短期許容応力度		材料強度	
	梁上端筋	その他	梁上端筋	その他	梁上端筋	その他
適用式	$F_C/15$ ($F_C \leq 22.5$) $0.9+2F_C/75$ ($F_C > 22.5$)	$F_C/10$ ($F_C \leq 22.5$) $1.35+F_C/25$ ($F_C > 22.5$)	長期×1.5	長期×1.5	長期×3	長期×3
18	1.20	1.80	1.80	2.70	3.60	5.40
21	1.40	2.10	2.10	3.15	4.20	6.30
24	1.54	2.31	2.31	3.47	4.62	6.93
27	1.62	2.43	2.43	3.65	4.86	7.29
30	1.70	2.55	2.55	3.83	5.10	7.65
33	1.78	2.67	2.67	4.01	5.34	8.01
36	1.86	2.79	2.79	4.19	5.58	8.37

6.1.8　設計条件

1）荷重条件

①積載荷重

　実状に応じて判断するが，最低木造2階建程度の上限荷重として$10kN/m^2$を見込む。

②地震時荷重

　擁壁自体の自重に起因する地震時慣性力と，裏込め土の地震時土圧の2種類によって検討する。

③フェンス荷重

　実状に応じて，適切なフェンス荷重を考慮する。なお。一般的には擁壁天端より高さ 1.1m の位置に $p_f = 1kN/m^2$ 程度の水平荷重を作用させる。

2）壁面摩擦角

　安定計算を行う場合の壁面と，土の摩擦角 δ は**表 6.4**による。

表 6.4　壁面摩擦角 δ [22)]

躯体背面	常時	地震時
砕石	$2\phi/3$	$\phi/2$
透水マット	$\phi/2$	$\phi/2$

ϕ：内部摩擦角

3）前面受働土圧

　原則として，安定計算において考慮しない。

4) 偏心距離と地盤反力

図 6.1 に示すように偏心距離 e に応じて,地盤反力 σ および中立軸までの距離を計算する。

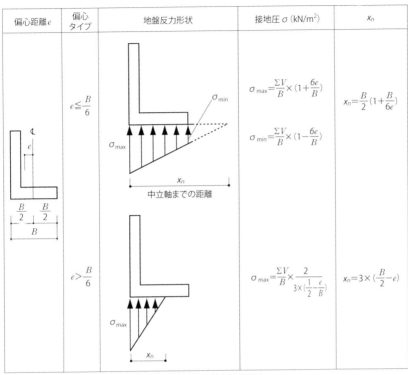

図 6.1　偏心距離と地盤反力

5) 計算時の条件

表 6.5　計算時の条件

	常時	中地震時	大地震時
転倒安全率	1.5	1.2	1.0
合力の作用位置	$B/6$ 以内	$B/2$ 以内	$B/2$ 以内
滑動安全率	1.5	1.2	1
地盤支持力安全率	3	1.5	1
設計水平震度	──	0.20	0.25
部材応力	長期許容応力	短期許容応力	終局耐力 (設計基準強度 および基準強度)

B：底版幅

6.2 L型擁壁の設計例

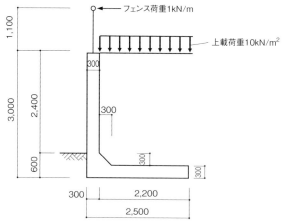

図6.2 L型擁壁の形状・寸法（単位 mm）

6.2.1 常時

6.2.1.1 設計条件
①擁壁の高さ
　H＝3.000m
②外力
　土圧作用面は縦壁背面とする。
　上載荷重は $q=10\text{kN/m}^2$
　フェンス荷重（水平力）$p_f=1\text{kN/m}$
③背面土
　『横浜市宅地造成の手引き』[23]第3編宅地造成基準〜設計編〜を参考に設定した。
　土圧の種類：関東ローム
　土の単位体積重量 $\gamma_t=16.0\text{kN/m}^3$
　内部摩擦角 $\phi=20°$
　粘着力 $c=0\text{kN/m}^2$
　壁背面と土との摩擦角 $\delta=13.33°$（砕石 $\delta=2\phi/3$）
　壁背面と鉛直面とのなす角度 $\theta=0°$
　壁背面と水平面とのなす角度 $\alpha=0°$

④土圧(常時)

クーロンの土圧式による

⑤支持地盤

土質の種類:関東ローム

内部摩擦角:$\phi = 20°$

粘着力:$c = 25.0\text{kN/m}^2$

地盤の許容支持力度:$q_a = 125.0\text{kN/m}^2$

底版の摩擦係数:$\mu = \tan\phi = 0.364$

⑥材料の許容応力度

コンクリートの設計基準強度 $\sigma_{28} = 21\text{N/mm}^2$

コンクリートの許容圧縮応力度 $\sigma_{ca} = 7.0\text{N/mm}^2$

コンクリートの許容せん断応力度 $\tau_{ca} = 0.7\text{N/mm}^2$

鉄筋(SD345)の許容引張応力度 $\sigma_{sa} = 215.0\text{N/mm}^2$

異形鉄筋の許容付着応力度 $\sigma_{fa} = 1.40\text{N/mm}^2$

⑦単位体積重量

鉄筋コンクリート $\gamma_c = 24.0\text{kN/m}^3$

6.2.1.2 擁壁断面の形状・寸法および荷重の計算(常時)

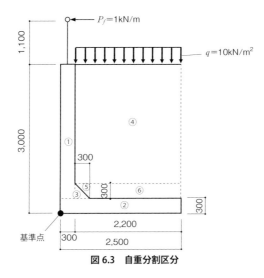

図6.3 自重分割区分

1）自重

表 6.6　自重の分割計算

区分	断面積 A (m²)	単位体積重量 γ (kN/m³)	重量 W (kN/m) (奥行 1m につき)	作用位置[*1] x (m)	モーメント M (kN·m) ($=W \cdot x$)
①	0.30×2.70	24	19.44	0.15[*2]	2.92
②	2.50×0.30	24	18.00	1.25[*3]	22.50
③	1/2×0.30×0.30	24	1.08	0.40[*4]	0.43
④	2.40×2.20	16	84.48	1.40[*5]	118.27
⑤	1/2×0.30×0.30	16	0.72	0.50[*6]	0.36
⑥	0.30×1.90	16	9.12	1.55[*7]	14.14
合計			132.84		158.62

重心 $X = \Sigma(W \cdot x)/\Sigma W = 158.62/132.84 = 1.194$m
*1　例図 6.2.2 の基準点から分割ブロックの図心までの x 方向距離
*2　0.30×1/2＝0.15　　　　*5　0.30＋(2.20×1/2)＝1.4
*3　2.50×1/2＝1.25　　　　*6　0.30＋(0.30×2/3)＝0.5
*4　0.30＋(0.30×1/3)＝0.40　*7　0.30＋0.3＋(1.9×1/2)＝1.55

2）上載荷重
- 背面土上載荷重 $Q = q \times B' = 10 \times 2.20 = 22.00$kN/m
- 作用位置 $x = 0.30 + (2.20 \times 1/2) = 1.40$m

3）フェンス荷重
- 水平荷重 $p_f = 1.0$kN/m
- 作用位置 $y = 3.00 + 1.10 = 4.10$m

4）擁壁に及ぼす土圧合力

①主働土圧係数

$$K_A = \frac{\cos^2(\phi - \theta)}{\cos^2\theta \cdot \cos(\theta + \delta) \cdot \left\{1 + \sqrt{\dfrac{\sin(\phi + \delta) \cdot \sin(\phi - \alpha)}{\cos(\theta + \delta) \cdot \cos(\theta - \alpha)}}\right\}^2}$$

$\phi = 20°$,　$\theta = 0°$,　$\delta = 13.33°$

$$K_A = \frac{\cos^2(20°)}{\cos^2 0° \cdot \cos(0° + 13.33°) \cdot \left\{1 + \sqrt{\dfrac{\sin(20° + 13.33°) \cdot \sin(20° - 0°)}{\cos(0° + 13.33°) \cdot \cos(0° - 0°)}}\right\}^2}$$

$= 0.439$

②背面土による土圧合力

$P_A = \dfrac{1}{2} \cdot K_A \cdot \gamma_t \cdot H^2 = \dfrac{1}{2} \times 0.439 \times 16.0 \times 3.00^2 = 31.61$kN/m

$$P_{AX} = P_A \cdot \cos(\delta + \theta) = 31.61 \times \cos(13.33° + 0°)$$
$$= 30.76 \text{kN/m}$$

③背面上載荷重による土圧合力

$$\triangle P_A = K_A \cdot q \cdot H = 0.439 \times 10.0 \times 3.00 = 13.17 \text{kN/m}$$
$$\triangle P_{AX} = \triangle P_A \cdot \cos(\delta + \theta) = 13.17 \times \cos(13.33° + 0°)$$
$$= 12.81 \text{kN/m}$$

④作用点の位置

$$P_{AX} : y = \frac{H}{3} = \frac{3.00}{3} = 1.00 \text{m}$$

$$\triangle P_{AX} : y = \frac{H}{2} = \frac{3.00}{2} = 1.50 \text{m}$$

5）荷重の集計（常時）

表 6.7 荷重の集計（常時）

荷重の種類	鉛直力 V (kN/m)	水平力 H (kN/m)	作用点		モーメント (kN・m/m)	
			x	y	V・x	H・y
自重（W）	132.84	—	1.194	—	158.62	—
土圧（P_A）	—	30.76	—	1.00	—	30.76
土圧（ΔP_A）	—	12.81	—	1.50	—	19.22
上載荷重	22.00	—	1.40	—	30.80	—
フェンス荷重	—	1.00	—	4.10	—	4.10
合計 Σ	154.84	44.57	—	—	189.42	54.08

土圧の鉛直成分によるモーメントはわずかなため，土圧鉛直力は省略する

6.2.1.3 安定性の検討（常時）

1）転倒に対する検討

・抵抗モーメント $M_r = \Sigma(V \cdot x) = 189.42 \text{kN/m}$

・転倒モーメント $M_o = \Sigma(H \cdot y) = 54.08 \text{kN/m}$

・合力の作用位置 $d = \dfrac{M_e + M_o}{\Sigma V} = \dfrac{189.42 - 54.08}{154.84}$

$$= 0.874 \text{m}$$

・偏心距離 $e = \dfrac{B}{2} - d$

$$= \dfrac{2.50}{2} - 0.874$$

$$= 0.376 < \dfrac{B}{6} = \dfrac{2.50}{6} = 0.417 \text{m} \quad \therefore \text{OK}$$

・転倒安全率　$F_s = \dfrac{M_r}{M_o}$

$\qquad\qquad = \dfrac{189.42}{54.08} = 3.50 > 1.5 \quad \therefore \text{OK}$

2）地盤の支持力度に対する検討

$e < \dfrac{B}{6}$ のため以下の地盤反力分布とする。

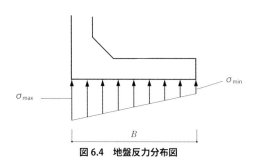

図 6.4　地盤反力分布図

$\sigma = \dfrac{\Sigma V}{B} \times \left(1 \pm \dfrac{6 \cdot e}{B}\right)$

$\qquad = \dfrac{154.84}{2.50} \times \left\{1 \pm \left(\dfrac{6 \times 0.376}{2.50}\right)\right\}$

$\sigma_{\max} = 117.8 \text{kN/m}^2$

$\sigma_{\min} = 6.0 \text{kN/m}^2$

$\sigma_{\max} = 117.8 \text{kN/m}^2 < q_a = 125.0 \text{kN/m}^2 \quad \therefore \text{OK}$

3）滑り出しに対する検討

・水平力の総和　$\Sigma H = 44.57 \text{kN/m}$

・滑動に対する抵抗力

$\qquad\qquad R_H = c \cdot B + (\Sigma V) \cdot \mu$

$\qquad\qquad\quad = (25.0 \times 2.50) + (154.84 \times 0.364)$

$\qquad\qquad\quad = 118.86 \text{kN/m}$

・滑動安全率　$F_s = \dfrac{R_H}{\Sigma H} = \dfrac{118.86}{44.57} = 2.67 > 1.5 \quad \therefore \text{OK}$

6.2.1.4　断面の検討

1）設計条件

図 6.5 をもとに，たて壁と底版を設計する。

・たて壁
基準点をもとに，土圧による台形荷重に対して応力計算を行う。
・底版
基準点をもとに，上載荷重（自重を含む）と地盤反力に対して応力計算を行う。

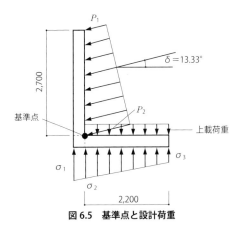

図 6.5　基準点と設計荷重

2) たて壁の応力計算
① 荷重およびモーメント
・土圧合力

$$P_A = (\frac{1}{2} \times \gamma_t \times h^2 \times K_A + q \times h \times K_A) \cdot \cos(\delta + \theta)$$

$$= \left(\frac{1}{2} \times 16.0 \times 2.70^2 \times 0.439 + 10.0 \times 2.7 \times 0.439\right) \times \cos(13.33° + 0°)$$

$$= 36.45 \mathrm{kN/m}$$

たて壁の p_1 と p_2 による台形荷重の合力の作用位置 y を求める。

$p = (\gamma_t \times h \times K_A) + (q \times K_A)$
$p_1 = (16.0 \times 0 \times 0.439) + (10.0 \times 0.439) = 4.39 \mathrm{kN/m^2}$
$p_2 = (16.0 \times 2.70 \times 0.439) + (10.0 \times 0.439) = 23.36 \mathrm{kN/m^2}$

土圧は台形分布となるため，作用位置（台形の重心）は，

$$y = \frac{(p_2 + 2 \times p_1) \times h}{3 \times (p_2 + p_1)} = \frac{(23.36 + 2 \times 4.39) \times 2.7}{3 \times (23.36 + 4.39)} = 1.042 \mathrm{m}$$

・作用力の集計

表 6.8 作用力の集計

荷重の種類	せん断力 (kN/m) 水平力 H	アーム長 (m) Y	モーメント (kN・m/m) M
土圧	36.45	1.04	37.98
フェンス荷重	1.00	3.80	3.80
合計Σ	37.45 (=R_H)	──	41.78

②応力度の検討

・有効高 d (mm)

図 6.6 に示すように,主筋の中心までの距離を 70mm と仮定すると,部材厚 300mm より,

$d = 300 - 70 = 230$ mm

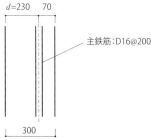

図 6.6 たて壁の有効高 d

・鉄筋の断面積 A_s (mm²)

単位幅(奥行)$b = 1,000$mm に,D16 の鉄筋(1 本の断面積:198.6mm²)を 200mm 間隔で配置する。

$$A_s = 198.6 \times \frac{1,000}{200} = 993 \text{mm}^2$$

・鉄筋の周長 $\Sigma\psi$

D16 の 1 本の周長は 50mm であるから,$b = 1,000$mm に 200mm 間隔で配置すると,$\Sigma\psi$ は,

$$\Sigma\psi = 50.0 \times \frac{1,000}{200} = 250.0 \text{ (mm)}$$

・引張鉄筋比 p

$$p = \frac{A_s}{b \times d} = \frac{993}{1,000 \times 230} = 0.00432$$

- ヤング係数比 $n=15$
- 中立軸比 k

$$k = p \times \sqrt{n^2 + \frac{2}{p} \times n} - (p \times n)$$
$$= 0.00432 \times \sqrt{15^2 + \frac{2}{0.00432} \times 15} - (0.00432 \times 15)$$
$$= 0.301$$

- 応力中心距離 j

$$j = \frac{d}{3}(3-k) = \frac{230}{3}(3-0.301) = 206.923$$

Ⓐ 鉄筋の引張応力度 σ_s

$$\sigma_s = \frac{\Sigma M}{A_s \times j} = \frac{41.78 \times 10^6}{993 \times 206.923} = 203.3 \text{N/mm}^2 < \sigma_{sa} = 215 \text{N/mm}^2 \quad \therefore \text{OK}$$

Ⓑ コンクリートの曲げ圧縮応力度 σ_c

$$\sigma_c = \frac{2 \times \Sigma M}{k \times j \times d \times b} = \frac{2 \times 41.78 \times 10^6}{0.301 \times 206.923 \times 230 \times 1000}$$
$$= 5.8 \text{N/mm}^2 < \sigma_{ca} = 7.0 \text{N/mm}^2 \quad \therefore \text{OK}$$

Ⓒ コンクリートのせん断応力度 τ_c

$$\tau_c = \frac{R_H}{b \times j} = \frac{37.45 \times 10^3}{1000 \times 206.923} = 0.2 \text{N/mm}^2 < \tau_{ca} = 0.7 \text{N/mm}^2 \quad \therefore \text{OK}$$

Ⓓ 付着応力度 σ_a

$$\sigma_a = \frac{R_H}{\Sigma \psi \cdot j} = \frac{37.45 \times 10^3}{250.0 \times 206.923} = 0.7 \text{N/mm}^2 < \sigma_{fa} = 1.40 \text{N/mm}^2 \quad \therefore \text{OK}$$

3) 底版の応力計算

図 6.7 より，地盤反力 σ_2 を求める。

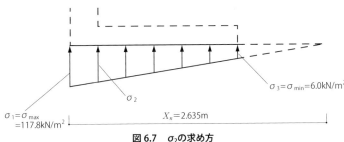

図 6.7　σ_2 の求め方

X_n:中立軸までの距離とすると,

$$X_n = \frac{B}{2} \cdot \left(1 + \frac{B}{6e}\right) = \frac{2.50}{2} \times \left(1 + \frac{2.50}{6 \times 0.376}\right) = 2.635\text{m}$$

2.635m から擁壁の厚さ 0.3m を差し引くと 2.335m となる。

∴ 2.635 : 117.8 = 2.335 : σ_2

 2.635・σ_2 = 275.063

 σ_2 = 104.4kN/m²

 同様な計算により,

 σ_3 = 6.0kN/m²

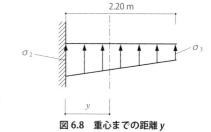

図 6.8 重心までの距離 y

・台形の重心の公式を用いて,**図 6.8** より重心までの距離 y を求める。

$$y = \frac{B'(2\sigma_3 + \sigma_2)}{3(\sigma_2 + \sigma_3)} = \frac{2.20(2 \times 6.0 + 104.4)}{3(104.4 + 6.0)}$$

$$= 0.773\text{m}$$

①荷重およびモーメント

Ⓐせん断力

$$S = \frac{(\sigma_2 + \sigma_3) \times B'}{2} = \frac{(104.4 + 6.0) \times 2.20}{2}$$

$$= 121.44\text{kN/m}$$

Ⓑ自重

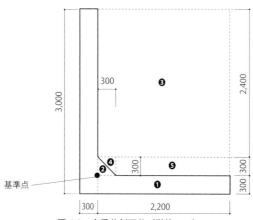

図 6.9 自重分割区分(単位 mm)

②自重

図 6.9 をもとに自重の分割計算を表 6.9 のように行う。

表 6.9　自重の分割計算

区分	断面積 A (m²)	単体体積重量 γ (kN/m³)	重量 W (kN/m) (奥行 1m につき)	作用位置 x (m)	モーメント M (kN・m) ($=W \cdot x$)
❶	2.20×0.30	24	15.84	1.10	17.42
❷	1/2×0.30×0.30	24	1.08	0.10	0.11
❸	2.20×2.40	16	84.48	1.10	92.93
❹	1/2×0.30×0.30	16	0.72	0.20	0.14
❺	1.90×0.30	16	9.12	1.25	11.40
合計	──	──	111.24	──	122.00

③積載荷重

・鉛直荷重

$Q = q \times B' = 10 \times 2.20 = 22.00 \text{kN/m}$

・作用位置

$X = 2.20/2 = 1.10 \text{m}$

④作用力の集計

表 6.10　作用力の集計表

荷重の種類	せん断力 (kN/m) 鉛直力　V	アーム長 (m) X	モーメント (kN・m/m) M
地盤反力	−121.44	0.77	−93.51
自重	111.24	──	122.00
積載荷重	22.00	1.10	24.20
合計	11.80 (=R_V)	──	52.69*

＊　底版モーメントの方が，たて壁モーメントより大きいので 52.69kN・m/m をそのまま援用する

⑤応力度の検討

・有効高さ d (mm)

主鉄筋の中心までの距離が 75mm であるので，部材厚 300mm より，**図 6.10** から d が求まる。

$d = 300 - 75 = 225$ (mm)

図 6.10　主鉄筋の有効高さ

・鉄筋の断面積 A_s (mm²)

単位幅 $b = 1{,}000$mm に D19 の鉄筋（1 本の断面積：286.5mm²）を 200mm 間隔で配置するので，

$$A_s = 286.5 \times \frac{1,000}{200} = 1,432.5 \text{ (mm)}^2$$

・鉄筋の周長 $\Sigma\psi$

D19 の 1 本の周長は 60mm であるから，$b=1,000$mm に 200mm 間隔で配置すると，$\Sigma\psi$ は，

$$\Sigma\psi = 60.0 \times \frac{1,000}{200} = 300 \text{ (mm)}$$

・引張鉄筋比 p

$$p = \frac{A_s}{b \times d} = \frac{1,432.5}{1,000 \times 225}$$
$$= 0.00637$$

・ヤング係数比 $n=15$
・中立軸比 k

$$k = p \times \sqrt{n^2 + \frac{2}{p} \times n} - (p \times n)$$
$$= 0.00637 \times \sqrt{15^2 + \frac{2}{0.00637} \times 15} - (0.00637 \times 15)$$
$$= 0.353$$

・応力中心距離 j

$$j = \frac{d}{3}(3-k) = \frac{225}{3}(3-0.353)$$
$$= 198.525 \text{ (mm)}$$

Ⓐ鉄筋の引張応力度 σ_s

$$\sigma_s = \frac{\Sigma M}{A_s \times j} = \frac{52.69 \times 10^6}{1,432.5 \times 198.525}$$
$$= 185.3 \text{N/mm}^2 < \sigma_{sa} = 215 \text{Nmm}^2 \quad \therefore \text{OK}$$

Ⓑコンクリートの曲げ圧縮応力度 σ_c

$$\sigma_c = \frac{2 \times \Sigma M}{k \times j \times d \times b} = \frac{2 \times 52.69 \times 10^6}{0.353 \times 198.525 \times 225 \times 1,000}$$
$$= 6.7 \text{N/mm}^2 < \sigma_{ca} = 7.0 \text{N/mm}^2 \quad \therefore \text{OK}$$

Ⓒコンクリートのせん断応力度 τ_c

$$\tau_c = \frac{R_v}{b \times j} = \frac{11.80 \times 10^3}{1,000 \times 198.525}$$

$$= 0.06 \text{N/mm}^2 < \tau_{ca} = 7.0 \text{N/mm}^2 \quad \therefore \text{OK}$$

④付着応力度 σ_a

$$\sigma_a = \frac{R_v}{\Sigma \phi \cdot j} = \frac{11.80 \times 10^3}{300 \times 198.525}$$

$$= 0.2 \text{N/mm}^2 < \sigma_{fa} = 1.40 \text{N/mm}^2 \quad \therefore \text{OK}$$

以上より，**図 6.11** のような配筋図となる。

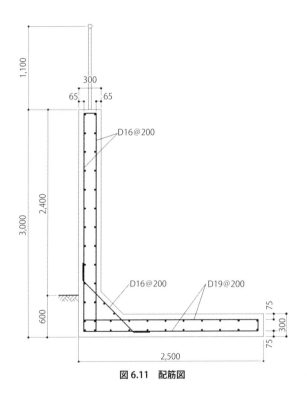

図 6.11　配筋図

6.2.2　中地震時

中地震時において転倒・滑動の安全率は 1.2，地盤の許容鉛直支持力度については 1.5，設計水平震度 $k_h = 0.2$，かつ部材応力が短期許容応力度以下であることを照査する。なお，地震荷重は，「Ⅰ擁壁の自重に起因する地震時慣性力に常時の土圧を加えた荷重」と「Ⅱ地震時土圧による荷重」の2種類を設定し，擁壁断面が安全であることを照査する。

部材の許容応力度と許容支持力度を以下に示す。

コンクリートの設計基準強度 $\sigma_{28}=21\mathrm{N/mm^2}$
コンクリートの許容圧縮応力度 $\sigma_{ca}=14\mathrm{N/mm^2}$
コンクリートの許容せん断応力度 $\tau_{ca}=1.05\mathrm{N/mm^2}$
鉄筋（SD345）の許容引張応力度 $\sigma_{sa}=345\mathrm{N/mm^2}$
異形鉄筋の許容付着応力度 $\sigma_{fa}=2.10\mathrm{N/mm^2}$
地盤の許容支持力度 $q_a=125\times2=250\mathrm{kN/m^2}$
なお，地震時の壁面土と摩擦角 δ は，基本事項より $\phi/2$ とする。

Ⅰ 擁壁の自重に起因する地震時慣性力に常時の土圧を加えた荷重
1) 自重（常時と異なるのは y 方向が加わったことである）

表 6.11 自重の分割計算

区分	断面積 A (m²)	単位体積重量 γ (kN/m³)	重量 W (kN/m) (奥行 1m につき)	作用位置 (m)		モーメント M (kN・m)	
				x	y	W・x	W・y
①	0.30×2.70	24	19.44	0.15	1.65*1	2.92	32.08
②	2.50×0.30	24	18.00	1.25	0.15*2	22.50	2.70
③	1/2×0.30×0.30	24	1.08	0.40	0.40*3	0.43	0.43
④	2.40×2.20	16	84.48	1.40	1.80*4	118.27	152.06
⑤	1/2×0.30×0.30	16	0.72	0.50	0.50*5	0.36	0.36
⑥	0.30×1.90	16	9.12	1.55	0.45*6	14.14	4.10
合計	—	—	132.84	—	—	158.62	191.73

重心 $X=\Sigma(W\cdot x)/\Sigma W=158.62/132.84=1.194\mathrm{m}$
重心 $Y=\Sigma(W\cdot y)/\Sigma W=191.73/132.84=1.443\mathrm{m}$
*1 0.3+(2.7×1/2)=1.65   *4 0.3+0.3+(2.4×1/2)=1.80
*2 0.3×1/2=0.15   *5 0.3+(0.3×2/3)=0.50
*3 0.3+(0.3×1/3)=0.40   *6 0.3+(0.3×1/2)=0.45

2) 上載荷重，フェンス荷重，土圧
常時と同じなので省略する。

3) 荷重の集計（中地震時）

表 6.12 荷重の集計（中地震時）

荷重の種類	鉛直力 V (kN/m)	水平力 H (kN/m)	作用点 (m)		モーメント (kN・m/m)	
			x	y	v・x	H・y
自重 (W)	132.84	26.57*1	1.19	1.44	158.62	38.26
土圧 (P_A)	—	31.69*2	—	1.00	—	31.69
土圧 (ΔP_A)	—	13.21	—	1.50	—	19.82
背面上載荷重	22.00	4.40	1.40	3.00	30.80	13.20
フェンス荷重	—	1.00	—	4.10	—	4.10
合計 Σ	154.84	76.87	—	—	189.42	107.07

*1 $H=v\times k_n$ $k_n=0.2$ とする
*2 土圧計算式は常時と同じであるが，壁面摩擦角 $\delta=\phi/2=10°$ とする

第 6 章 擁壁の計算例

4）安全性の検討（中地震時）

①転倒に対する検討

抵抗モーメント　$M_r = \Sigma(V \cdot x) = 189.42 \text{kN/m}$

転倒モーメント　$M_o = \Sigma(H \cdot y) = 107.07 \text{kN/m}$

合力の作用位置　$d = \dfrac{M_r - M_o}{\Sigma V} = \dfrac{189.42 - 104.62}{154.84} = 0.532$

偏心距離　$e = \left(\dfrac{B}{2}\right) - d = \dfrac{2.50}{2} - 0.532 = 0.718 < \dfrac{R}{2} = \dfrac{2.50}{2} = 1.25$　　∴OK

転倒安全率　$F_s = \dfrac{M_r}{M_o} = \dfrac{189.42}{107.07} = 1.77 > 1.2$　　∴OK

②地盤の支持力度に対する検討

$e > \dfrac{B}{6} = \dfrac{2.50}{6} = 0.417$

すなわち，**図6.12**のような地盤反力分布となる。

$\sigma_{\max}$は，図6.1より以下の式を用いて検討する。

$\sigma_{\max} = \dfrac{\Sigma V}{B} \cdot \dfrac{2}{3 \times \left(\dfrac{1}{2} - \dfrac{e}{B}\right)} = \dfrac{154.84}{2.50} \times \dfrac{2}{3 \times \left(\dfrac{1}{2} - \dfrac{0.718}{2.50}\right)}$

$= 194.0 \text{kN/m}^2 < q_a = 250 \text{kN/m}^2$　　∴OK

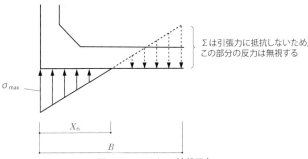

図6.12　$e > B/6$の地盤反力

③滑り出しに対する検討

水平力の総和　$\Sigma H = 76.87 \text{kN/m}$

中立軸までの距離X_nは図6.1より，

$X_n = 3 \times \left(\dfrac{B}{2} - e\right) = 3 \times \left(\dfrac{2.50}{2} - 0.718\right) = 1.596 \text{m}$

滑動に対する抵抗力 $R_H = c \cdot B + \Sigma V \cdot \mu$

浮き上りがあるので，$B \to X_n$ に置き換える。

$R_H = (25.0 \times 1.596) + (154.84 \times 0.364) = 96.26 \text{kN/m}$

滑動安全率 $F_s = \dfrac{R_H}{\Sigma H} = \dfrac{96.26}{76.87} = 1.25 > 1.2$ 　　　∴OK

※配筋計算は省略

Ⅱ 地震時土圧による荷重

1）擁壁に及ぼす土圧合力（岡部・物部式）

水平震度 $k_h = 0.20$，鉛直震度 $k_v = 0.00$

鉛直合成角 $\theta_k = \tan^{-1}\left\{\dfrac{k_h}{(1-k_v)}\right\} = \tan^{-1}\left\{\dfrac{0.20}{(1-0.00)}\right\} = 11.31$

① 地震時主働土圧係数（K_A）

$$K_A = \dfrac{(1-k_v) \cdot \cos^2(\phi - \theta - \theta_k)}{\cos\theta_k \cdot \cos^2\theta \cdot \cos(\delta + \theta + \theta_k)\left\{1 + \sqrt{\dfrac{\sin(\phi - \alpha - \theta_k) \cdot \sin(\phi + \delta)}{\cos(\delta + \theta + \theta_k) \cdot \cos(\theta - \alpha)}}\right\}^2}$$

$$= \dfrac{(1-0.00) \cdot \cos^2(20° - 0° - 11.31°)}{\cos 11.31° \cdot \cos^2 0° \cdot \cos(10° + 0° + 11.31°)\left\{1 + \sqrt{\dfrac{\sin(20° - 0° - 11.31°) \cdot \sin(20° + 11.31°)}{\cos(10° + 0° + 11.31°) \cdot \cos(0° - 0°)}}\right\}^2}$$

$= 0.643$

② 背面土による土圧合力

$P_A = \dfrac{1}{2} \cdot K_A \cdot \gamma_t \cdot H^2 = \dfrac{1}{2} \times 0.643 \times 16 \times 3.0^2 = 46.30 \text{kN/m}$

$P_{AX} = P_A \cdot \cos(\delta + \theta) = 46.30 \times \cos(10° + 0°) = 45.60 \text{kN/m}$

③ 背面上載荷重による土圧合力

$\Delta P_A = K_A \cdot q \cdot H = 0.643 \times 10.0 \times 3.0 = 19.29 \text{kN/m}$

$\Delta P_{AX} = \Delta P_A \cdot \cos(\delta + \theta) = 19.29 \times \cos(10° + 0°) = 19.00 \text{kN/m}$

④ 作用点の位置

$P_{AX} : y = \dfrac{H}{3} = \dfrac{3.0}{3} = 1.0 \text{m}$

$\Delta P_{AX} : y = \dfrac{H}{2} = \dfrac{3.0}{2} = 1.5 \text{m}$

2）荷重の計算（中地震）

表 6.13　荷重の計算（中地震）

荷重の種類	鉛直力 V (kN/m)	水平力 H (kN/m)	作用点 (m)		モーメント (kN・m/m)	
			x	y	$V\cdot x$	$H\cdot y$
自重（W）	132.84	—	1.19	—	158.61	—
土圧（P_A）	—	45.60	—	1.00	—	45.60
土圧（ΔP_A）	—	19.00	—	1.50	—	28.50
背面土上載荷重	22.00	—	1.40	—	30.80	—
フェンス荷重	—	1.00	—	4.10	—	4.10
合計Σ	154.84	65.60	—	—	189.41	78.20

3）安定性の検討

①転倒に対する検討

　抵抗モーメント $M_r = \Sigma V \cdot x = 189.41$（kN・m/m）

　転倒モーメント $M_o = \Sigma H \cdot y = 78.20$（kN・m/m）

合力の作用位置

$$d = \frac{(M_r - M_o)}{\Sigma V} = \frac{(189.41 - 78.20)}{154.84} = 0.718 \text{m}$$

・偏心距離

$$e = \left(\frac{B}{2}\right) - d = \left(\frac{2.5}{2}\right) - 0.718 = 0.532 \text{m} < \frac{B}{2} = 1.25 \text{m} \quad \therefore \text{OK}$$

・転倒安全率

$$F_s = \frac{M_r}{M_o} = \frac{189.41}{78.20} = 2.42 > 1.2 \quad \therefore \text{OK}$$

②地盤の支持力度に対する検討

$$e = 0.532 \text{ (m)} \quad \frac{B}{6} = \frac{2.50}{6} = 0.417 \text{m} \quad \therefore e > \frac{B}{6}$$

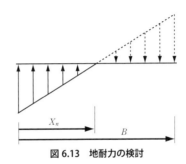

図 6.13　地耐力の検討

σ_{max}は以下の式を用いて検討する。

$$\sigma_{max} = \frac{\Sigma V}{B} \cdot \frac{2}{3 \times \left(\frac{1}{2} - \frac{e}{B}\right)} = \frac{154.84}{2.50} \times \frac{2}{3 \times \left(\frac{1}{2} - \frac{0.532}{2.50}\right)}$$

$$= 143.8 < 250 \text{kN/m}^2 \qquad \therefore \text{OK}$$

③滑り出しに対する検討

水平力の総和 $\Sigma H = 65.60$ (kN/m)

中立軸までの距離 X_n

$$X_n = 3 \cdot \left(\frac{B}{2} - e\right) = 3 \cdot \left(\frac{2.50}{2} - 0.532\right) = 2.154 \text{m}$$

・滑動に対する抵抗力

$R_H = c \cdot B + \Sigma V \cdot \mu$

浮き上がりがあるので，$B \to X_n$ に置き換える。

$R_H = (25.0 \times 2.154) + (154.84 \times 0.364) = 110.21$ (kN/m)

・滑動安全率

$$F_s = \frac{R_H}{\Sigma H} = \frac{110.21}{65.59} = 1.68 > 1.2 \qquad \therefore \text{OK}$$

※配筋検討は省略

6.2.3 大地震時の検討

　大地震時において転倒・滑動・地耐力の安全率は1.0，設計水平震度 k_h が0.25，かつ部材応力度が基準強度以下であることを照査する。地震時荷重は中地震時の場合と同様に，「Ⅰ擁壁の自重に起因する地震時慣性力に常時の土圧を加えた荷重」と「Ⅱ地震時土圧による荷重」の2種類を設定する。なお，計算式中の壁面摩擦角 δ は $\phi/2 = 10°$ として扱う。

　部材の許容応力度と許容地耐力は以下とし，詳細は省略する。

　　　コンクリートの設計基準強度 $\sigma_{28} = 21 \text{N/mm}^2$
　　　コンクリートの許容圧縮応力度 $\sigma_{ca} = 21 \text{N/mm}^2$
　　　コンクリートの許容せん断応力度 $\tau_{ca} = 2.1 \text{N/mm}^2$
　　　鉄筋（SD345）の許容引張応力度 $\sigma_{sa} = 379 \text{N/mm}^2$
　　　許容付着応力度 $\sigma_{fa} = 4.2 \text{N/mm}^2$
　　　地盤の許容支持度 $q_a = 125 \times 3 = 375 \text{kN/m}^2$

6.3 逆L型擁壁の設計例

逆L型擁壁とは，**図6.14**のように宅地外側の敷地あるいは道路と，宅地側で地盤レベルに差があるような場合に設ける擁壁である。

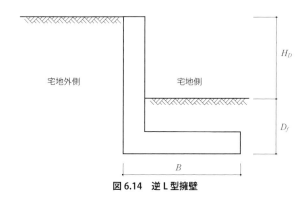

図6.14 逆L型擁壁

ここでは，自重，荷重の計算（常時），安全計算まで示す。設計条件はL型擁壁と同じとする。形状の仮定は参考文献24）や136頁の**表6.26**の代表例などを参考に考慮されるとよい。

6.3.1 荷重の計算

1) 形状の仮定

表6.26を参考に，**図6.15**のように断面を仮定する。

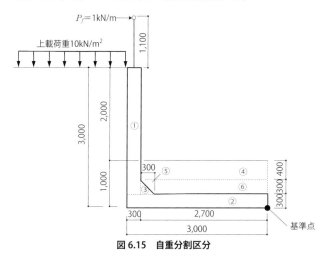

図6.15 自重分割区分

105

2)自重

表 6.14　自重の分割区分

区分	断面積 A (m²)	単体積重量 γ (kN/m³)	重量 W (kN/m)(奥行 1m につき)	作用位置[*1] x (m)	モーメント M (kN・m)(=$W \cdot x$)
①	0.30×2.70	24	19.44	2.85[*2]	55.40
②	3.00×0.30	24	21.60	1.50[*3]	32.40
③	1/2×0.30×0.30	24	1.08	2.60[*4]	2.81
④	0.40×2.70	16	17.28	1.35[*5]	23.33
⑤	1/2×0.30×0.30	16	0.72	2.50[*6]	1.80
⑥	0.30×2.40	16	11.52	1.20[*7]	13.82
合計			71.64		129.56

重心 $X = \Sigma(W \cdot x)/\Sigma W = 1.808$m
 [*1]　底版かかとつけ根を基準点とする
 [*2]　2.70+0.15=2.85
 [*3]　3.00×1/2=1.50
 [*4]　2.40+(0.3×2/3)=2.60
 [*5]　2.70×1/2=1.35
 [*6]　2.40+(0.3×1/3)=2.50
 [*7]　2.40×1/2=1.20

3)上載荷重
・背面土上載荷重
　$Q = q \times B' = 10.0 \times 1.0 = 10.0$kN/m
　(ここでは，q は宅地外側奥行き 1m に作用しているとみなす)
・作用位置
　$X = 3.00 + 0.5 = 3.50$m　(基準点から)

4)フェンス荷重
・水平荷重 $p_f = 1.0$kN/m
・作用位置 $Y = 3.0 + 1.1 = 4.1$m

5)擁壁に及ぼす土圧
①主働土圧 $K_A = 0.439$
②背面土による土圧合力 $P_{AX} = 30.76$kN/m
③背面土上載荷重による土圧合力 $\Delta P_{AX} = 12.81$kN/m
④作用点の位置
　P_{AX}：$y = 1.0$m
　ΔP_{AX}：$y = 1.5$m

6）荷重の集計（常時）

表 6.15　荷重の集計（常時）

荷重の種類	鉛直力 V (kN/m)	水平力 H (kN/m)	作用点 (m)		モーメント (kN・m/m)	
			x	y	$v \cdot x$	$H \cdot y$
自重（W）	71.64	――	1.81	――	129.67	――
土圧（P_A）	――	30.76	――	1.00	――	30.76
土圧（ΔP_A）	――	12.81	――	1.50	――	19.22
上載荷重	10.00	――	3.50	――	35.00	――
フェンス荷重	――	1.00	――	4.10	――	4.10
合計 Σ	81.64	44.57	――	――	164.67	54.08

6.3.2　安全性の検討

1）転倒に対する検討

・抵抗モーメント　$M_r = \Sigma(V \cdot x) = 164.67$ （kN・m/m）

・転倒モーメント　$M_o = \Sigma(H \cdot y) = 54.08$ （kN・m/m）

・合力の作用位置　$d = \dfrac{M_r - M_o}{\Sigma V} = \dfrac{164.67 - 54.08}{81.64} = 1.355$ （m）

・偏心距離　$e = \dfrac{B}{2} - d = \dfrac{3.00}{2} - 1.355 = -0.145$ （m）

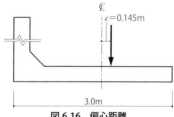

図 6.16　偏心距離

$$\dfrac{B}{6} = \dfrac{3.00}{6} = 0.500 \quad e = |0.145|\text{m} < \dfrac{B}{6} = 0.500 m \quad \therefore \text{OK}$$

$$F = \dfrac{M_r}{M_o} = \dfrac{164.67}{54.08} = 3.04 > 1.5 \quad \therefore \text{OK}$$

2）地盤の支持力度に対する検討

$|e| < \dfrac{B}{6}$ のため下式を使用する。

$$\sigma = \dfrac{\Sigma V}{B} \times \left(1 \pm \dfrac{6e}{B}\right) = \dfrac{81.64}{3.00} \times \left(1 \pm \dfrac{6 \times 0.145}{3.00}\right) = 27.21 \times (1 \pm 0.145)$$

$\sigma_{max} = 35.6$ (kN/m^2)

$\sigma_{min} = 18.8$ (kN/m^2)

$\sigma_{max} = 35.6$ kN/m$^2 < q_a = 125$ kN/m^2 　　∴OK

3）滑り出しに対する検討

・水平力の総和 $\Sigma H = 44.57$ (kN/m)

・滑動に対する抵抗力 $R_H = c \cdot B + \Sigma V \cdot \mu$
$$= (25.0 \times 3.00) + (81.64 \times 0.364)$$
$$= 104.72 \text{ (kN/m)}$$

滑動安全率 $F_s = \dfrac{R_H}{\Sigma H} = \dfrac{104.72}{44.57} = 2.350 > 1.5$ 　　∴OK

※配筋計算は省略

6.4 逆 T 型擁壁の設計例

逆 T 型擁壁とは，図 6.17 のように片持ち梁擁壁の中では最もバランスのよい形式であり，用地境界の制限が少ないときなどに採用される。

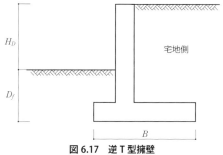

図 6.17 逆 T 型擁壁

荷重は，宅地の背面土からの主働土圧と上載荷重が作用することになる。ここでは，自重，荷重の計算（常時），安定計算までを示す。設計条件は L 型擁壁と同じとする。

6.4.1 荷重の計算

1) 形状の仮定

表 6.26 を参考に，図 6.18 のように断面を仮定する。

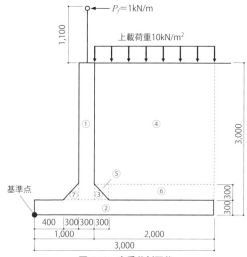

図 6.18 自重分割区分

2）自重

表 6.16　自重の分割計算

区分	断面積 A (m²)	単体体積重量 γ (kN/m³)	重量 W (kN/m) (奥行 1m につき)	作用位置[*1] x (m)	モーメント M (kN・m) ($=W \cdot x$)
①	0.30×2.70	24	19.44	0.85[*2]	16.52
②	0.30×3.00	24	21.60	1.50[*3]	32.40
③	1/2×0.30×0.30	24	1.08	1.10[*4]	1.19
④	2.00×2.40	16	76.80	2.00[*5]	153.60
⑤	1/2×0.30×0.30	16	0.72	1.20[*6]	0.86
⑥	0.30×1.70	16	8.16	2.15[*7]	17.54
⑦	1/2×0.30×0.30	24	1.08	0.60[*8]	0.65
合計	—	—	128.88	—	222.76

重心 $X = \Sigma(W \cdot x) / \Sigma W = 1.728$m
*1　擁壁スラブつま先を基準点とする
*2　$0.70 + (0.3 \times 1/2) = 0.85$
*3　$3.00 \times 1/2 = 1.50$
*4　$1.00 + (0.3 \times 1/3) = 1.10$
*5　$1.00 + (2.0 \times 1/2) = 2.00$
*6　$1.00 + (0.3 \times 2/3) = 1.20$
*7　$1.30 + (1.7 \times 1/2) = 2.15$
*8　$0.40 + (0.3 \times 2/3) = 0.6$

3）上載荷重

・背面土上載荷重 $Q = q \times B' = 10.0 \times 2.00 = 20.0$ （kN/m）

・作用位置 $X = 1.00 + 2.00 \times \dfrac{1}{2} = 2.00$ （m）

4）フェンス荷重

・水平荷重 $p_f = 1.0$kN/m

・作用位置 $Y = 3.0 + 1.1 = 4.1$m

5）擁壁に及ぼす土圧

①主働土圧係数 $K_A = 0.439$

②背面土による土圧合力 $P_{AX} = 30.76$kN/m

③背面土上載荷重による土圧合力 $\varDelta P_{AX} = 12.81$kN/m

④作用点の位置 $P_{AX} : y = 1.0$m
　　　　　　　$\varDelta P_{AX} : y = 1.5$m

6）荷重の計算（常時）

表 6.17　荷重の計算（常時）

荷重の種類	鉛直力 V (kN/m)	水平力 H (kN/m)	作用点 (m)		モーメント (kN・m/m)	
			x	y	$V・x$	$H・y$
自重（W）	128.88	—	1.73	—	222.96	—
土圧（P_A）	—	30.76	—	1.00	—	30.76
土圧（ΔP_A）	—	12.81	—	1.50	—	19.22
上載荷重	20.00	—	2.00	—	40.00	—
フェンス荷重	—	1.00	—	4.10	—	4.10
合計Σ	148.88	44.57	—	—	262.96	54.08

6.4.2　安全性の検討

1）転倒に対する検討

・抵抗モーメント $M_r = \Sigma(V・x) = 262.96$（kN・m/m）

・転倒モーメント $M_o = H・y = 54.08$（kN・m/m）

・合力の作用位置 $d = \dfrac{M_r - M_o}{\Sigma V} = \dfrac{262.96 - 54.08}{148.88} = 1.403$（m）

・偏心距離　$e = \dfrac{B}{2} - d$

$\qquad\qquad = \dfrac{3.0}{2} - 1.403$

$\qquad\qquad = 0.097$（m）

$\qquad \dfrac{B}{6} = \dfrac{4.2}{6} = 0.700$

$\qquad |e| = 0.325 < \dfrac{B}{6} \quad \therefore \text{OK}$

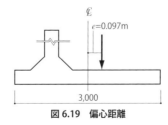

図 6.19　偏心距離

・転倒安全率 $F_s = \dfrac{M_r}{M_o}$

$$= \dfrac{262.96}{54.08} = 4.86 > 1.5 \qquad \therefore \text{OK}$$

2）地盤の支持力度に対する検討

$|e| < \dfrac{B}{6}$ のため下式を利用する。

$$\sigma = \left(\dfrac{\Sigma V}{B}\right) \times \left(1 \pm \dfrac{6e}{B}\right)$$

$$= \left(\dfrac{148.88}{3.00}\right) \times \left(1 \pm \dfrac{6 \times 0.097}{3.00}\right)$$

$$= 49.63 \times (1 \pm 0.194)$$

$\sigma_{\max} = 49.82$ （kN/m^2）

$\sigma_{\min} = 49.44$ （kN/m^2）

$\sigma_{\max} = 49.8$ （kN/m^2）$< q_a = 125$ （kN/m^2）　　$\therefore$ OK

3）滑り出しに対する検討

・水平力の総和 $\Sigma H = 44.57$ （kN/m）

・滑動に対する抵抗力 $R_H = c \cdot B + \Sigma V \cdot \mu$

$$= (25.0 \times 3.00) + (148.88 \times 0.364)$$

$$= 129.19 \text{ （kN/m）}$$

・滑動安全率 $F_s = \dfrac{R_H}{\Sigma H} + \dfrac{160.27}{44.57} = 2.90 > 1.5 \qquad \therefore$ OK

※配筋計算は省略

6.5 深層混合処理工法における設計例

擁壁の仕様は，6.2 に示す L 型擁壁とし，詳細を以下に示す。
- 種類：L 型擁壁
- 擁壁全高：3.0m
- 擁壁見付け高：2.4m
- 根入れ：0.6m
- 構造形式：鉄筋コンクリート構造

6.5.1 地盤概要

地盤の構成は，表層部より厚さ 6m のシルト質粘土層，以深に洪積砂層が堆積している地盤である。シルト質粘土層は過圧密状態にあり，地下水位は地表面より 3m の深さにある。

6.5.2 基礎の計画

擁壁の支持地盤となるシルト質粘土層は支持力不足となり，安全が確保できないことから，深層混合処理による地盤改良を計画する。擁壁は常時水平力を受ける構造物であり，改良体は曲げやせん断に対して脆弱であることから，曲げ剛性を確保するためラップ配置による壁形式として設計する。改良体頭部に敷設した敷き込み砂利および均しコンクリートは軽量であること，および擁壁前面側の土圧，摩擦力は安全側に無視する。

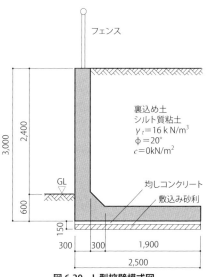

図 6.20　L 型擁壁模式図

深度	土質記号	土質名	水位	平均 N値	γ_t kN/m³	$\phi°$
0						
1.0						
2.0						
3.0		シルト質粘土	▽	3	16	
4.0						
5.0						
6.0						
7.0		細砂		30	19	39
8.0						

図 6.21　想定地盤状況

6.5.3 改良地盤の設計[25]

1）荷重条件

改良体の設計に用いる擁壁底版の接地圧および水平力の計算結果一覧を，

以下に示す。中地震時の水平震度は 0.2 とする。

表 6.18　荷重条件

荷重条件		常時	中地震時
擁壁底版接地圧	最大接地圧（kN/m²）	117.8	194.0
	最小接地圧（kN/m²）	6.0	0
水平力 Q（kN）		44.6	76.9

2）改良仕様の仮定

①改良形式　　　5 列のラップ配置による壁形式

②コラム径　　　0.6m

③改良体間隔　　0.5m（ラップ幅 0.1m）

④改良列の間隔　1.0m

⑤改良体の長さ　5.25m（改良体頭部 GL－0.75m，改良深さ GL－6.0m）

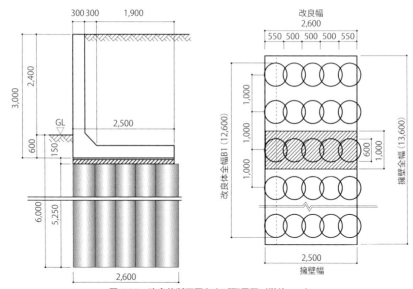

図 6.22　改良体断面図および配置図（単位 mm）

3）改良体の設計基準強度および許容応力度

①設計基準強度 $F_c = 1{,}200\mathrm{kN/m^2}$

②許容圧縮応力度

$$\text{常時}：f_c = \frac{F_c}{F_s} = 400\mathrm{kN/m^2}$$

$$\text{中地震時}：f_c = \frac{F_c}{F_s} = 800\mathrm{kN/m^2}$$

③許容せん断応力度

常時：$f_τ = \dfrac{1}{3} \cdot F_τ = \dfrac{1}{3} \cdot \min\,(F_{τ1},\ F_{τ2})$

中地震時：$f_τ = \dfrac{2}{3} \cdot F_τ = \dfrac{2}{3} \cdot \min\,(F_{τ1},\ F_{τ2})$

ここに，

$F_{τ1} = 0.3 F_c + \dfrac{Q_P}{A_P} \tan φ$

$F_{τ2} = 0.5 F_c$

  Q_P：一体として扱う改良体に作用する水平力（kN）
  A_P：一体として扱う改良体の面積（m^2）
  $φ$：改良体の内部摩擦角（30°とする）

④許容引張応力度

常時：引張を生じさせない

中地震時：$f_c = -0.2 \cdot f_c$
      $= -0.2 \times 800$
      $= -160\,\mathrm{kN/m^2}$

4）常時における改良地盤の検討

①基礎底面における最大・最小接地圧

合力の作用位置は，

  $X = 0.874\,\mathrm{m}$

偏心量は，

  $e = \dfrac{L}{2} - X = 1.25 - 0.874$

   $= 0.376 < L/6 = 0.417\ (\mathrm{m})$

単位幅当たりの最大・最小接地圧は，

  $q_{\max} = 117.8\ (\mathrm{kN/m^2})$
  $q_{\min} = 6.0\ (\mathrm{kN/m^2})$

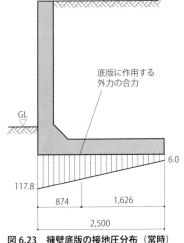

図 6.23 擁壁底版の接地圧分布（常時）
（単位 mm）

②改良体に生じる圧縮応力度の検討

Ⓐ基礎底面における最大接地圧 $q_{\max} = 117.8\ (\mathrm{kN/m^2})$

Ⓑ応力集中係数（改良体の鉛直応力と改良体間現地盤の反力の比）

  $μ_P = \dfrac{1}{a_P} = \dfrac{1}{0.52} = 1.92$

ここに，a_P：基礎底面内の改良率（幅 1.0m 当たりの基礎面積 A_f＝2.5m²，改良体の面積 A_P＝1.29m² より，A_P/A_f＝0.52）
ⓒ改良体頭部に生じる鉛直応力 q_p＝$\mu_P \cdot q_{max}$＝1.92×117.8＝226.2(kN/m²)
ⓓ改良体の応力チェック q_p＝226.2（kN/m²）≦f_c＝400（kN/m²）
③改良地盤の許容鉛直支持力度
Ⓐ下部地盤における極限鉛直支持力度 qd

q_d＝$(i_c \cdot \alpha \cdot c \cdot N_c) + (i_\gamma \cdot \beta \cdot \gamma_1 \cdot B_b \cdot N_\gamma) + (i_q \cdot \gamma_2 \cdot D_f \cdot N_q)$

下部地盤の土質：細砂　φ＝39°　c＝0kN/m²

γ_1：下部地盤の単位体積重量（19.0－10＝9.0kN/m³）

γ_2：下部地盤より上方にある地盤の平均単位体積重量
　　　（16.0×3.0＋6.0×3.0）/6＝11.0 kN/m³）

L：改良長　(5.25m)

β：形状係数（0.5－0.2×0.6/2.6＝0.45）

i_c, i_y, i_q：荷重の傾斜に対する補正係数（1.0 とする）

N_c, N_γ, N_q：粘着力，基礎幅，根入れ効果に起因する支持力係数

φ＝39°より N_c＝67.8，N_γ＝77.2，N_q＝55.9，B＝0.6m，D_f＝6.00m

q_d＝(1×0.45×9.0×0.6×77.2)＋(1×11.0×6.0×55.9)＝3,876.996kN/m²

Ⓑ改良地盤の許容鉛直支持力度 q_a

複合地盤としての許容鉛直支持力度，改良体が独立して支持する場合の許容鉛直支持力度 q_{a2} のうち小さい方の値を改良地盤の許容鉛直支持力度 q_a とする。

$q_{a1} = \dfrac{1}{F_s} \cdot \dfrac{q_d \cdot A_b + \Sigma(\tau_{di} \cdot h_i) \cdot L_s}{A_f}$＝842（kN/m²）

$q_{a2} = \dfrac{1}{F_s} \cdot \dfrac{n \cdot R_u}{A_f}$＝304.4（kN/m²）

q_a＝min（q_{a1}, q_{a2}）＝304.4（kN/m²）

ここに，F_s：安全率　常時荷重の場合 3

q_d：下部地盤における極限鉛直支持力度（3,876kN/m²）

A_b：改良地盤の底面積（2.6×0.6－(0.62－π×0.32)＝1.48m²）

A_f：基礎の底面積（1.0×2.5＝2.5m²）

τ_{di}：改良地盤の周面に作用する極限周面摩擦力度
　　（N＝3 の粘性土地盤：q_u＝12.5N より，c＝6.25×3.0＝18.75（kN/m²））

h_i：各土層の層厚（粘性土：5.25m）

L_s：改良地盤の外周長さ（＝5.88m）

n：改良対本数（改良体がすべてラップしていることから$n=1$）

R_u：改良体の極限鉛直支持力

$\quad R_u = R_{pu} + \psi \cdot \Sigma \tau_{di} \cdot_{hi}\ (=1633+6.61\times18.75\times5.25=2{,}283\mathrm{kN})$

R_{pu}：改良体先端部における極限鉛直支持力

（先端地盤砂質土より＝$75\times N\times A_p=75\times16.5\times1.32=1{,}633\mathrm{kN}$

ただし，先端地盤が粘性土の場合＝$6\times c\times A_p$とする）

ψ：改良体の周長（＝6.61m）

許容鉛直支持力度の確認

$\quad q_{\max}=117.8\ (\mathrm{kN/m^2}) < q_a = 304.4\ (\mathrm{kN/m^2})$

④改良地盤の水平支持力の検討

Ⓐ壁形式に配置された一列の改良体が負担する水平荷重 Q_P

改良体1列当たり基礎幅1.0mを負担することから

$\quad =44.6\times1.0=44.6\mathrm{kN}$

Ⓑ原地盤の水平方向地盤反力係数 k_h

$$k_h = \frac{1}{30}\cdot \alpha \cdot E_0 \cdot \left(\frac{b_1}{30}\right)^{-\frac{3}{4}}\times 10^2 = 16648\ (\mathrm{kN/m^3})$$

ここに，α：係数＝4

$\quad E_0$：変形係数＝$56\times q_u=56\times12.5N=2{,}100\ (\mathrm{kN/m^2})$

$\quad b_1$：改良体幅＝60cm

Ⓒ群杭効果を考慮した地盤反力係数 k_h'

加力直角方向の改良体間隔 d_1（＝1.0m）は，加力直角方向の改良体幅 b_1（＝0.6m）の3倍以上確保できていないため，加力直角方向の配置に対する群杭効果を考慮する。

$\quad k_h' = \mu_1 \cdot \mu_2 \cdot k_h = 0.73\times 1.0\times 16{,}648 = 12{,}153\ (\mathrm{kN/m^3})$

ここに，μ_1：加力直角方向の群杭効果＝$1-0.2\cdot(3-R_1)=0.73$

$\quad R_1 : \dfrac{\text{加力直角方向の改良体間隔}\ d_1}{\text{改良体幅}\ b_1}\left(=\dfrac{1.0}{0.6}=1.67\right)$

$\quad \mu_2$：加力方向の群杭効果（加力方向は，1列のみのため1.0とする）

Ⓓ 曲げモーメントの算定

$$M_d = \max(M_{\max}, M_0) = \max(28.33, 16.79) = 28.33 \ (\text{kN} \cdot \text{m})$$

$$M_{\max} = \frac{Q_P}{2\beta} \cdot R_{M\max} = \frac{44.6}{2 \times 0.34} \times 0.432 = 28.33 \ (\text{kN} \cdot \text{m})$$

$$M_0 = \frac{Q_P}{2\beta} \cdot R_{M0} = \frac{44.6}{2 \times 0.34} \times 0.256 = 16.79 \ (\text{kN} \cdot \text{m})$$

表6.19　線形弾性地盤反力法による杭の計算の各種係数値[24]

	固定度 $a_r=0.25$（半固定）				固定度 $a_r=0$（自由）		
Z	$RM_{\max}$	RM_o	R_{yo}	Z	$RM_{\max}$	RM_o	R_{yo}
0.5	0.035	0.242	4.548	0.5	0.192	0.0	6.010
0.6	0.046	0.281	3.829	0.6	0.23	0.0	5.016
0.7	0.061	0.312	3.333	0.7	0.268	0.0	4.312
0.8	0.083	0.331	2.977	0.8	0.306	0.0	3.789
0.9	0.111	0.340	2.712	0.9	0.343	0.0	3.388
1.0	0.145	0.339	2.509	1.0	0.379	0.0	3.075
1.1	0.184	0.331	2.350	1.1	0.414	0.0	2.827
1.2	0.225	0.319	2.220	1.2	0.448	0.0	2.628
1.3	0.267	0.305	2.113	1.3	0.48	0.0	2.468
1.4	0.307	0.292	2.024	1.4	0.51	0.0	2.341
1.5	0.344	0.280	1.952	1.5	0.538	0.0	2.239
1.6	0.377	0.270	1.893	1.6	0.563	0.0	2.159
1.7	0.407	0.262	1.845	1.7	0.585	0.0	2.098
1.8	0.432	0.256	1.808	1.8	0.604	0.0	2.051
1.9	0.453	0.252	1.779	1.9	0.62	0.0	2.018
2.0	0.471	0.249	1.759	2.0	0.632	0.0	1.994
2.1	0.484	0.247	1.744	2.1	0.642	0.0	1.979
2.2	0.494	0.246	1.735	2.2	0.649	0.0	1.970
2.3	0.501	0.246	1.730	2.3	0.653	0.0	1.966
2.4	0.505	0.246	1.728	2.4	0.656	0.0	1.965
2.5	0.508	0.246	1.728	2.5	0.657	0.0	1.967
2.6	0.509	0.247	1.729	2.6	0.657	0.0	1.971
2.7	0.509	0.247	1.732	2.7	0.656	0.0	1.975
2.8	0.507	0.248	1.734	2.8	0.655	0.0	1.979
2.9	0.506	0.248	1.737	2.9	0.653	0.0	1.984
3.0	0.504	0.249	1.740	3.0	0.652	0.0	1.988
3.2	0.501	0.249	1.745	3.2	0.649	0.0	1.994
3.4	0.498	0.250	1.748	3.4	0.647	0.0	1.998
3.6	0.496	0.250	1.750	3.6	0.645	0.0	2.001
3.8	0.495	0.250	1.751	3.8	0.645	0.0	2.001
4.0	0.495	0.250	1.751	4.0	0.644	0.0	2.002
4.2	0.495	0.250	1.751	4.2	0.644	0.0	2.001
4.4	0.495	0.250	1.751	4.4	0.644	0.0	2.001
4.6	0.495	0.250	1.750	4.6	0.645	0.0	2.000
4.8	0.495	0.250	1.750	4.8	0.645	0.0	2.000
5.0	0.495	0.250	1.750	5.0	0.645	0.0	2.000

ここに，$\beta : 4\sqrt{\dfrac{k_h{}' \cdot b_1}{4E_P \cdot I_P}} = 0.34 \mathrm{m}^{-1}$

E_P：改良体の変形係数（$=180F_c=180\times1,200=216,000\mathrm{kN/m^2}$）

I_P：改良体の断面二次モーメント（$=0.629\mathrm{m}^4$）

　ラップ配置による改良体の I_P を算出する際は，A_P と等価面積（$0.552\mathrm{m}\times2.392\mathrm{m}=1.32\mathrm{m}^2$）となる矩形を割り出し算出する。

$R_{M\max}$：$Z=\beta\times L=0.34\times5.25=1.79$，擁壁底版の剛性は高く半固定（$\alpha_r=0.25$）とし，0.432 とする（**表6.19**：安全側に繰り上げ）。

R_{M0}：$Z=\beta\times L=1.79$，$\alpha_r=0.25$ とし，0.256 とする（**表6.19**）。

Ⓔ 曲げによる縁応力度の算定

$$\sigma_{\max}=\dfrac{q_{\max}}{a_P}+\dfrac{M_d}{2I_P/b_2}$$

$$=\dfrac{117.8}{0.52}+\dfrac{28.33}{2\times0.629/2.6}=226.5+58.6$$

$$=285.1\mathrm{kN/m^2}\leqq400\mathrm{kN/m^2}$$

$$\sigma_{\min}=\dfrac{q_{\min}}{a_P}-\dfrac{M_d}{2I_P/b_2}$$

$$=\dfrac{6.0}{0.52}-\dfrac{28.33}{2\times0.629/2.6}=11.5-58.6$$

$$=-47.1\mathrm{kN/m^2}\leqq0\mathrm{kN/m^2}$$

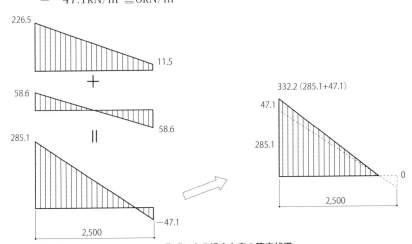

図6.24　曲げによる縁応力度の算定状況

マイナスになるため追加検討を行う。

かかと側が常時でマイナスになる場合，**図6.24**に示すようにマイナス荷重分つま先側の縁応力度に累加し，安全性を確認する。

$$\sigma_{max}' = \frac{q_{max}}{a_P} + \frac{M_d}{2I_P/b_2} + |\sigma_{min}|$$

$$= \frac{117.8}{0.52} + \frac{28.33}{2 \times 0.629/2.6} + 47.1 = 226.5 + 58.6 + 47.1$$

$$= 332.2 \text{kN/m}^2 \leqq 400 \text{kN/m}^2$$

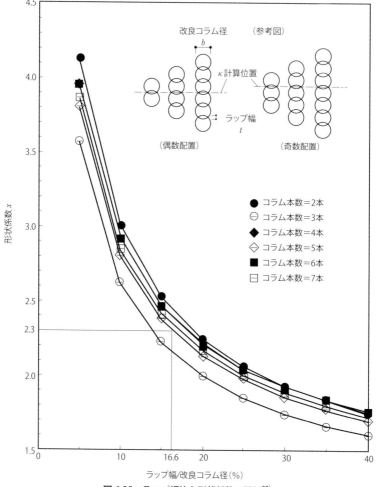

図 6.25　ラップ幅比と形状係数の関係[23]]

Ⓕ せん断応力度の検討

$\tau_{max} = \kappa \cdot \bar{\tau} = \kappa\ (Q_P/A_P) = 2.3\ (44.6/1.32) = 77.7 \mathrm{kN/m^2}$

ここに，κ：形状係数（＝2.3）（**図 6.25** 参照）

A_P：一体として扱う改良体の面積（＝1.32$\mathrm{m^2}$）

許容せん断応力度 $f_s = 1/3 \cdot F_\tau = 126.5 \mathrm{kN/m^2} > 77.7 \mathrm{kN/m^2}$　　$\therefore$ OK

ここに，F_τ：設計せん断強さ

$F_{\tau 1} = 0.3 F_c + \dfrac{Q_P}{A_P}\tan 30° = 379.5 \mathrm{kN/m^2}$

$F_{\tau 2} = 0.5 F_c = 600 \mathrm{kN/m^2}$

$F\tau = \min\ (F_{\tau 1},\ F_{\tau 2}) = 379.5 \mathrm{kN/m^2}$

5）中地震時における改良地盤の検討

①基礎底面における最大・最小接地圧

合力の作用位置は，

$X = 0.532 \mathrm{m}$

偏心量は，

$e = \dfrac{L}{2} - X = 1.25 - 0.532$

$= 0.718 > \dfrac{L}{6} = 0.417 \mathrm{m}$

単位幅当たりの最大・最小接地圧は，

$q_{max} = 194.0 \mathrm{kN/m^2}$

$q_{min} = 0 \mathrm{kN/m^2}$

②改良体に生じる圧縮応力度の検討

$q_p = \mu_P \cdot q_{max} = 1.92 \times 194.0$

　　　$= 372.5 \mathrm{kN/m^2} \leqq f_c$

　　　$= 800\ (\mathrm{kN/m^2})$

③改良地盤の許容鉛直支持力度 q_a

$q_{a1} = \dfrac{1}{F_s} \cdot \dfrac{q_d \cdot A_b + \Sigma(\tau_{di} \cdot h_i) \cdot L_s}{A_f} = 1,684\ (\mathrm{kN/m^2})$

$q_{a2} = \dfrac{1}{F_s} \cdot \dfrac{n \cdot R_u}{A_f} = 608.8\ (\mathrm{kN/m^2})$

$q_a = \min\ (q_{a1},\ q_{a2}) = 608.8\ (\mathrm{kN/m^2})$

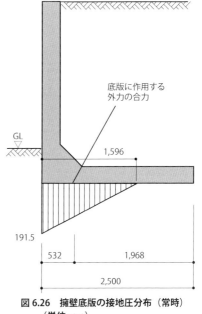

図 6.26　擁壁底版の接地圧分布（常時）
（単位 mm）

ここに，F_s：安全率　中地震時の場合 1.5

許容鉛直支持力度の確認

$q_{max}=194.0\mathrm{kN/m^2}<q_a=608\mathrm{kN/m^2}$

④改良地盤の水平支持力の検討

Ⓐ壁形式に配置された一列の改良体が負担する水平荷重 Q_P

改良体 1 列当たり基礎幅 1.0m を負担することから

$=76.87\times1.0=76.87\mathrm{kN}$

Ⓑ原地盤の水平方向地盤反力係数 k_h

$$k_h=\frac{1}{30}\cdot\alpha\cdot E_0\cdot\left(\frac{b_1}{30}\right)^{-\frac{3}{4}}\times10^2=16,648\mathrm{kN/m^3}$$

常時の検討で用いた値をそのまま用いる。

Ⓒ群杭効果を考慮した地盤反力係数 $k_h{'}$

$k_h{'}=\mu_1\cdot\mu_2\cdot k_h=0.73\times1.0\times16,648=13,318\mathrm{kN/m^3}$

常時の検討で用いた値をそのまま用いる。

Ⓓ曲げモーメントの算定

$M_d=\max(M_{max},\ M_0)=\max(48.8,\ 29.0)=48.8\mathrm{kN\cdot m}$

$M_{max}=\dfrac{Q_P}{2\beta}\cdot R_{Mmax}=\dfrac{76.87}{2\times0.34}\times0.432=48.8\mathrm{kN\cdot m}$

$M_0=\dfrac{Q_P}{2\beta}\cdot R_{M0}=\dfrac{76.87}{2\times0.34}\times0.256=28.9\mathrm{kN\cdot m}$

$\beta,\ R_{Mmax},\ R_{M0}$ は，常時の検討で用いた値をそのまま用いる。

Ⓔ曲げによる縁応力度の算定

$$\sigma_{max}=\frac{q_{max}}{a_P}+\frac{M_d}{2I_P/b_2}$$

$\phantom{\sigma_{max}}=\dfrac{194.0}{0.52}+\dfrac{48.8}{(2\times0.629)/2.6}=373.1+100.9$

$\phantom{\sigma_{max}}=474.0\mathrm{kN/m^2}\leqq800\mathrm{kN/m^2}\quad\therefore\mathrm{OK}$

$$\sigma_{min}=\frac{q_{min}}{a_P}-\frac{M_d}{2I_P/b_2}$$

$\phantom{\sigma_{min}}=\dfrac{0}{0.52}-\dfrac{48.8}{(2\times0.629)/2.6}=0-100.9$

$\phantom{\sigma_{min}}=-100.9\mathrm{kN/m^2}\geqq-160\mathrm{kN/m^2}\quad\therefore\mathrm{OK}$

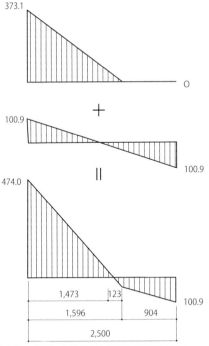

図 6.27　曲げによる縁応力度の算定状況（単位 mm）

Ⓕせん断応力度の検討

$$\tau_{max} = \kappa \cdot \bar{\tau} = \kappa \cdot \frac{Q_P}{A_P} = 2.3 \times \frac{76.87}{0.78} = 226.7 \text{kN/m}^2$$

ここに，κ：形状係数（＝2.3）

　　　　A_P：一体として扱う改良体の面積

　　　　　　（圧縮力を負担する改良体面積＝$1.473 \times 1.32 / 2.5 = 0.78 \text{m}^2$）

許容せん断応力度 $f_s = \frac{2}{3} \cdot F_\tau = 277.9 \text{kN/m}^2 > 226.7 \text{kN/m}^2$

ここに，F_τ：設計せん断強さ

$$F_{\tau 1} = 0.3 F_c + \frac{Q_P}{A_P} \tan 30° = 416.9 \text{kN/m}^2$$

$$F_{\tau 2} = 0.5 F_c = 600 \text{kN/m}^2$$

$$F_\tau = \min\ (F_{\tau 1},\ F_{\tau 2}) = 416.9 \text{kN/m}^2$$

　擁壁見付け高さが 5m 以上となる場合は，大地震検討や斜面の安定計算等が必要となる場合がある。その際は，参考文献 25）を参照されたい。

6.6 鋼管杭における設計例

擁壁の仕様は，6.2 に示す L 型擁壁とし，詳細を以下に示す。
①種類：L 型擁壁
②擁壁全高：3.0m
③擁壁見付け高：2.4m
④根入れ：0.6m
⑤構造形式：鉄筋コンクリート構造

6.6.1 地盤概要

地盤の構成は，表層部より厚さ 10m のシルト質粘土層（N 値 3.0），以深に洪積砂層（N 値 30）が堆積している地盤である。シルト質粘土層は過圧密状態にあり，地下水位は地表面より 3m の深さにある。

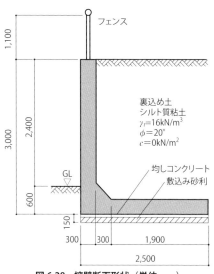

図 6.28 擁壁断面形状（単位 mm）

6.6.2 基礎の計画

擁壁の支持地盤となるシルト質粘土層は支持力不足となり，安全が確保できない。また，支持地盤となり得る細砂層が GL－10.0m と比較的深部に位置しているため，深層混合処理工法ではなく，鋼管杭による基礎杭を計画する。なお，鋼管杭は先端支持力を有効に活かすために，先端翼付き鋼管杭にて計画する。

6.6.3 基礎杭の設計

1）杭仕様の仮定
①杭径：$D=216.3$mm
②肉厚：$t=8.0$mm
③材質：STK400
④杭長：$L=10.0$m（杭頭部 GL－0.5m，杭先端部 GL－10.5m）
⑤先端翼径：$D_w=500$mm
⑥へりあき：0.3m
⑦杭ピッチ：つま先側 1.0m，かかと側 2.0m

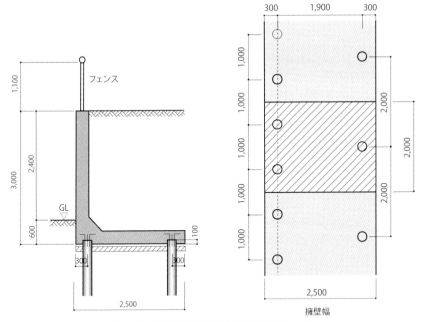

図 6.29　擁壁断面形状と鋼管配置（単位 mm）

2）杭の鉛直支持力の算出

①地盤から定まる許容鉛直支持力 R_{a1}

$$R_{a1} = \frac{1}{F_s} \cdot \alpha \cdot \bar{N} \cdot A_P \text{（安全側に摩擦力は考慮しない）}$$

　F_s：安全率（長期 3.0，短期 1.5）

　α：先端支持力係数（120 と設定）

　$\bar{N}$：杭先端 N 値（上下 $1D_w$ の平均値）　$\dfrac{30 \times 0.5 + 30 \times 0.5}{1.0} = 30$

　A_P：先端翼面積（$\dfrac{\pi D_w^2}{4} = \pi \times \dfrac{0.5^2}{4} = 0.196 \mathrm{m}^2$）

長期 $R_{a1} = 235.6 \mathrm{kN}$，短期 $R_{a1} = 471.2 \mathrm{kN}$

②杭材から定まる許容鉛直支持力 R_{a2}

$$\text{長期 } R_{a2} = \frac{F^*}{1.5} \cdot A_e \cdot \frac{1}{1,000} \cdot (1-\alpha)$$

短期 $R_{a2} = 1.5 \cdot$ 長期 R_{a2}

　F^*：設計基準強度（N/mm^2）

$0.01 \leqq \dfrac{t}{r} \leqq 0.08$ の場合：$F^* = F \times (0.8 + 2.5 \times \dfrac{t}{r})$

$\dfrac{t}{r} \geqq 0.08$ の場合：$F^* = F$

F：許容応力度を決定する場合の基準強度　$F = 235\text{N/mm}^2$
t：腐食しろを除いた鋼管肉厚　$t = 8.0 - 1.0 = 7.0\text{mm}$
r：腐食しろを除いた鋼管半径　$r = \dfrac{216.3}{2} - 1 = 107.15\text{mm}$

$\dfrac{t}{r} = 0.065 \leqq 0.08$

$F^* = 226.3\text{N/mm}^2$
A_e：腐食しろを除いた鋼管の有効断面積
$A_e = \pi r^2 - \pi (r-t)^2 = 4{,}558\text{mm}^2$
α：細長比による低減率

$\dfrac{L}{D} > 100$ の場合，　$\alpha = \dfrac{\dfrac{L}{D} - 100}{100}$

$\dfrac{L}{D} = \dfrac{7.5}{0.2163} = 34.67 < 100$　よって，$\alpha = 0$

長期 $R_{a2} = 688.0\text{kN}$，短期 $R_{a2} = 1032.0\text{kN}$

③杭の許容鉛直支持力 R_a

　$R_a = \min(R_{a1}, R_{a2})$

　長期 $R_a = \min(235.6, 688.0) = 235.6\text{kN}$

　短期 $R_a = \min(471.2, 1{,}032.0) = 471.2\text{kN}$

3）杭の降伏引抜き抵抗力 R_{TY}

$R_{TY} = \dfrac{2}{3} \cdot (\Sigma \tau_{sti} L_{si} + \Sigma \tau_{cti} L_{ci}) \psi + W$

　R_{TY}：降伏引抜き抵抗力（kN）
　τ_{sti}：砂質土の i 層における杭引抜き時の最大周面摩擦力度（kN/m^2）
　　　安全側に $\tau_{sti} = 0$ とする。
　L_{si}：砂質土の i 層における杭の長さ（m）　$L_{si} = 0.5\text{m}$
　τ_{cti}：粘性土の i 層における杭引抜き時の最大周面摩擦力度
　　　$\tau_{cti} = c = q_u / 2$, $q_u = 12.5\text{N}$, $\tau_{cti} = 6.25\text{N} = 18.75\text{kN/m}^2$

L_{ci}：粘性土の i 層における杭の長さ（m）　$L_{ci}=9.4$ m

ψ：杭の周長（m）　$\psi=0.68$ m

W：杭の自重および先端翼上部の土重量（kN）　$W=W_1+W_2$

W_1：杭の自重（kN）　先端翼重量は安全側に無視する。

　　鋼管単位質量 $=0.403$ kN/m

　　鋼管有効断面積 $=0.0367$ m^2

　　鋼管の単位体積重量 $=0.403/0.0367=10.98$ kN/m^3

　　鋼管の有効単位体積重量 $=\{10.98\times2.4+(10.98-10)\times7.5\}/9.9$

$$=3.40 \text{ kN/m}^3$$

　　$W_1=3.40\times0.0367\times9.9=1.24$ kN

W_2：先端翼上部の土重量（kN）

　　先端翼上部の土体積 $=0.160$ m^3

$$\text{土の単位体積重量}=\frac{16\times2.4+(16-10)\times7.0+(19-10)\times0.5}{9.9}$$

$$=8.58 \text{ kN/m}^3$$

　　$W_2=8.58\times0.160=1.37$ kN

　　$W=1.24+1.37=2.61$ kN

$$R_{TY}=\frac{2}{3}\times(0\times0.5+18.75\times9.4)\times0.68+2.61=82.5 \text{ kN}$$

4）外力の計算（常時）

つま先側とかかと側の杭に作用する常時の外力を計算する。**図 6.30** に検討モデルを示し，**表 6.20** に計算結果を示す。

つま先側とかかと側の杭の重心点からの距離を e，重心点に関する偏心モーメントを M_e，杭に作用する転倒モーメントを M_o とする。

5）モーメントの計算（常時）

　　$M=M_o+M_e=58.21$ kN・m

6）支持力のチェック（常時）

$$F_1=\left(\frac{W}{n}+\frac{M/n'}{Z_p}\right)P$$

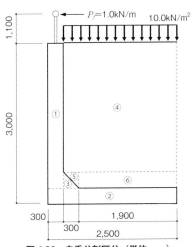

図 6.30　自重分割区分（単位 mm）

表 6.20　自重分割計算結果

区分	断面積 A (m²)	単位体積重量 r (kN/m³)	重量 W_i (kN/m)	水平力 H (kN/m)	作用位置 y (m)	f (m)	e (m)	安定 M M_A (kN·m)	偏心 M M_e (kN·m)	転倒 M M_o (kN·m)
①	0.3×2.70	24.0	19.44	—	—	0.15	1.10	2.92	21.38	—
②	2.5×0.30	24.0	18.00	—	—	−0.95	0.00	−17.10	0.00	—
③	1/2×0.3×0.3	24.0	1.08	—	—	−0.10	0.85	−0.11	0.92	—
④	2.40×2.20	16.0	84.48	—	—	−1.10	−0.15	−92.93	−12.67	—
⑤	1/2×0.3×0.3	16.0	0.72	—	—	−0.20	0.75	−0.14	0.54	—
⑥	0.3×1.90	16.0	9.12	—	—	−1.25	−0.30	−11.40	−2.74	—
上載荷重	—	—	22.00	—	—	−1.10	−0.15	−24.20	−3.30	—
土圧 (P_A)	—	—	—	30.76	1.00	—	—	—	—	30.76
土圧 (ΔP_A)	—	—	—	12.81	1.50	—	—	—	—	19.22
フェンス荷重	—	—	—	1.00	4.10	—	—	—	—	4.10
合計	—	—	154.84	44.57	—	—	—	−142.96	4.13	54.08

$$F_2 = \left(\frac{W}{n} - \frac{M/n'}{Z_p}\right)P$$

F_1：つま先側の杭に作用する鉛直荷重（kN/本）

F_2：かかと側の杭に作用する鉛直荷重（kN/本）

W：重量　$W = 154.84$ kN/m

n：杭本数　$n = 3$ 本

n'：検討位置杭本数　つま先側 $n' = 2$ 本，かかと側 $n' = 1$ 本

Z_p：杭芯間隔　$Z_p = 1.9$ m

P：検討ピッチ　$P = 2.0$ m

$F_1 = 133.86$ kN/本　$\leqq$　長期 $R_a = 235.62$ kN/本　　∴OK

$F_2 = 41.95$ kN/本　$\leqq$　長期 $R_a = 235.62$ kN/本　　∴OK

7）滑動に対する検討（常時）

滑動に対しては，杭の水平抵抗力の検証とする。

$$W \cdot P \cdot \frac{1,000}{n/A_e} + M_o' \cdot \frac{1,000,000}{Z_e} < 鋼材の長期許容せん断応力度$$

A_e：断面積　$A_e = 4,559$ mm²

Z_e：断面係数　$Z_e = 2.29 \times 10^5$ mm³

I_e：断面二次モーメント　$I_e = 2.45 \times 10^7$ mm⁴

E_0：変形係数　$E_0 = 2.059\text{N/mm}^2$

k_h：地盤反力係数　$k_h = 0.0123\text{N/mm}^3$

β：杭の横係数　$\beta = 0.6027$

$M_o{}'$：杭頭曲げモーメント　$M_o{}' = \dfrac{Q}{n/(2\times\beta)} = 12.36\text{kN}\cdot\text{m}$

Q：水平力　$Q = 44.57\text{kN}$

$$W \cdot P \cdot \dfrac{1{,}000}{n/A_e} + M_o{}' \cdot \dfrac{1{,}000{,}000}{Z_e} = 76.5\text{N/mm}^2$$

鋼材の長期許容断応力度 $F = \dfrac{0.8 + 2.5\dfrac{t-1}{(D/2-1)}}{1.5} = 156.6\text{N/mm}^2$

$76.5\text{N/mm}^2 < 156.6\text{N/mm}^2$ 　∴OK

8）転倒に対する検討

長期荷重に対し，転倒に対する検討を行う。

$F_s = \dfrac{M_A}{M_o} > 1.5$ （長期時の安全率）

擁壁転倒モーメント $M_o = 54.08\text{kN}\cdot\text{m}$

擁壁安定モーメント $M_A = 142.96\text{kN}\cdot\text{m}$

$F_s = 2.6 > 1.5$ 　∴OK

9）変位に対する検討

$$Y_0 = Q \cdot \dfrac{P/n}{4 \cdot E_s \cdot I_e \cdot \left(\dfrac{\beta}{1{,}000}\right)^3} \cdot R_{yo} \cdot 1{,}000$$

Y_0：杭頭変位（mm）

E_s：杭の弾性係数　$E_s = 205{,}900\text{N/mm}^2$

R_{yo}：杭頭の固定度から定まる定数　$R_{yo} = 1$

$Y_0 = 6.72\text{mm} < 10\text{mm}$ 　∴OK

10）外力の計算（中地震時）

つま先側とかかと側の杭に作用する中地震時の外力を計算する。**図6.31** に検討モデルを示し，**表6.21** に計算結果を示す。

つま先側とかかと側の杭の重心点からの距離を e，重心点に関する偏心モーメントを M_e，杭に作用する転倒モーメントを M_o とする。

中地震時では，擁壁自重，背面上載荷重および，フェンス荷重に対し水平

震度 0.2 を乗じ水平力 H を算出する。

11) モーメントの計算（中地震時）

$M = M_o + M_e = 108.75$ kN・m

12) 支持力のチェック（中地震時）

$$F_1 = \left(\frac{W}{n} + \frac{M/n'}{Z_p}\right)P$$

$$F_2 = \left(\frac{W}{n} - \frac{M/n'}{Z_p}\right)P$$

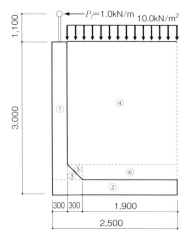

図 6.31　自重分割区分（単位 mm）

F_1：つま先側の杭に作用する鉛直荷重（kN/本）

F_2：かかと側の杭に作用する鉛直荷重（kN/本）

W：重量　$W = 154.84$ kN/m

n：杭本数　$n = 3$ 本

n'：検討位置杭本数　つま先側 n' = 2 本，かかと側 n' = 1 本

Z_p：杭芯間隔　$Z_p = 1.9$ m

P：検討ピッチ　$P = 2.0$ m

$F_1 = 160.47$ kN/本　$\leq$　短期 $R_a = 471.24$ kN/本　∴OK

$F_2 = -11.25$ kN/本　$\geq$　$R_{TY} = -82.4$ kN/本　∴OK

13) 滑動に対する検討（中地震時）

滑動に対しては，杭の水平抵抗力の検証とする。

$$W \cdot P \cdot \frac{1,000}{n/A_e} + M_o' \cdot \frac{1,000,000}{Z_e} = 115.551 \text{N/mm}^2$$

A_e：断面積　$A_e = 4,559$ mm^2

Z_e：断面係数　$Z_e = 2.29 \times 10^5$ mm^3

I_e：断面二次モーメント　$I_e = 2.45 \times 10^7$ mm^4

E_0：変形係数　$E_0 = 2.059$ N/mm^2

k_h：地盤反力係数　$k_h = 0.0123$ N/mm^3

β：杭の横係数　$\beta = 0.6027$

M_o'：杭頭曲げモーメント　$M_o' = \dfrac{Q}{n/2\beta} = 21.26$ kN・m

表6.21 外力の計算（中地震時）

区分	重量 W_i (kN/m)	水平力 H (kN/m)	作用位置 y (m)	作用位置 f (m)	作用位置 e (m)	安定 M M_A (kN・m)	偏心 M M_e (kN・m)	転倒 M M_o (kN・m)
①	19.44	3.89	1.65	0.15	1.10	2.92	21.38	6.42
②	18.00	3.60	0.15	−0.95	0.00	−17.10	0.00	0.54
③	1.08	0.22	0.40	−0.10	0.85	−0.11	0.92	0.09
④	84.48	16.90	1.65	−1.10	−0.15	−92.93	−12.67	27.88
⑤	0.72	0.14	0.50	−0.20	0.75	−0.14	0.54	0.07
⑥	9.12	1.82	0.45	−1.25	−0.30	−11.40	−2.74	0.82
背面上載荷重	22.00	4.40	3.00	−1.10	−0.15	−24.20	−3.30	13.20
土圧（P_A）	—	31.70	1.00					31.70
土圧（ΔP_A）	—	13.21	1.50					19.81
フェンス荷重	—	1.00	4.10					4.10
合計	154.84	76.88	—	—	—	−142.96	4.13	104.62

$$W \cdot P \cdot \frac{1,000}{n/A_e} + M_o' \cdot \frac{1,000,000}{Z_e} = 115.48 \text{N/mm}^2$$

Q：水平力　$Q = 76.88$ kN

$$鋼材の短期許容応力度 = F \cdot \frac{0.8 + 2.5(t-1)}{(D/2) - 1} = 226.38 \text{N/mm}^2$$

$115.48 \text{N/mm}^2 < 226.38 \text{N/mm}^2$　　∴OK

14）転倒に対する検討（中地震時）

短期荷重に対し，転倒に対する検討を行う。

$$F_s = \frac{M_A}{M_o} > 1.2 \text{（短期時の安全率）}$$

擁壁転倒モーメント $M_o = 104.62$ kN・m

擁壁安定モーメント $M_A = 142.96$ kN・m

$F_s = 1.36 > 1.2$　　∴OK

6.7　擁壁全体の滑り検討例

表面載荷重 15kN/m² が作用する**図6.32**の擁壁の滑り検討を行う。

• 条件
① 表面載荷重 15.0kN/m²
② $\phi = 30°$
③ $c = 0$ kN/m²
④ 土の単位体積重量 $\gamma_t = 15$ kN/m³
⑤ RCの単位体積重量 $\gamma_c = 24$ kN/m³
⑥ 地下水位なし

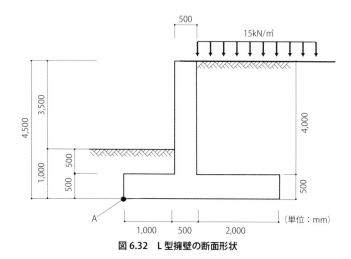

図6.32　L型擁壁の断面形状

① 表面載荷重 $q = 15.0$ kN/m²を$\varDelta H$の高さに換算する。

$$\varDelta H = \frac{q}{\gamma_t}$$

$$= \frac{15}{15} = 1.0 m$$

② 円の中心 O と半径 R を仮定する。
　円の中心 O は，基底版のつま先 A 点を通る鉛直線と地盤面から$\varDelta H$の高さの水平線を延長した交点とする。
③ 円弧滑り面を 1.0m～2.0m に分割する。
④ 各分割領域の水平方向重心距離 G_x を求める。

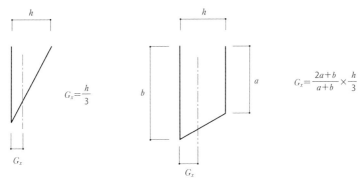

図 6.33 分割領域の水平方向重心距離の算定法

表 6.22 分割領域の水平方向重心距離

領域	a (m)	b (m)	h (m)	G_x (m)
I	───	───	1.40	0.47
II	3.20	4.50	1.50	0.71
III	4.50	5.00	1.00	0.49
IV	5.00	5.30	1.00	0.49
V	5.30	5.40	0.50	0.25
VI	1.90	2.00	1.00	0.49
VII	1.80	2.00	1.50	0.74
VIII	0.70	1.80	1.50	0.64
IX	───	───	1.60	0.53

　領域区分 I と IX は三角形とし，その他は台形として求める。

⑤回転の中心 O を境として，右側（M_R）と左側（M_L）のモーメントを求める。それぞれの値は，各領域の面積に単位体積重量 γ（kN/m^3）を乗じて求めた重量 W に，O 点から各領域の重心までの水平距離 x_g を乗じて算出する。なお，W の計算にあたって，土とコンクリートが混在している領域については，土部分とコンクリート部分を分けて算出し合計する。

⑥各領域の重量から，滑り面に生じる摩擦力とそれに基づく回転抵抗モーメントを計算する。摩擦力が生じる位置は，各領域の重心を通る鉛直線と回転滑り面の円弧の交点における切線とする，この切線と水平線のなす角を**図 6.34** に示すように α_i とすると，円弧滑りの半径 R を用いて摩擦抵抗力 F_i と回転抵抗モーメント $_FM_r$ は次式で求められる。

$F_i = W_i \times \cos\alpha_i \times \tan\phi$
$_FM_r = \Sigma(R \times F_i)$

表 6.23 回転中心の右側モーメント

領域	h_1 (m)	h_2 (m)	b (m)	γ (kN/m³)	W_i (kN)		x_g (m)	$W_i \cdot x_g$ (kN・m)
I	0	3.20	1.40	15	33.60*1		5.00+0.47=5.47	183.79
II	3.20	4.50	1.50	15	82.63*2		3.50+0.71=4.21	347.87
III	4.50	5.00	1.00	15	63.75	75.75	2.50+0.49=2.99	226.49
III	4.50	5.00	1.00	24	12.00	75.75	2.50+0.49=2.99	226.49
IV	5.00	5.30	1.00	15	69.00	81.00	1.50+0.49=1.99	161.19
IV	5.00	5.30	1.00	24	12.00	81.00	1.50+0.49=1.99	161.19
V	5.30	5.40	0.50	15	6.38	60.38	1.00+0.25=1.25	75.48
V	5.30	5.40	0.50	24	54.00	60.38	1.00+0.25=1.25	75.48
VI	1.90	2.00	1.00	15	21.75	33.75	0.49	16.54
VI	1.90	2.00	1.00	24	12.00	33.75	0.49	16.54

合計　$M_R = \Sigma (W_i \cdot x_g) = 1{,}011.36$ kN・m

*1　1.4×3.2×1/2×15=33.60kN
*2　(3.2+4.5)×1.5×1/2×15=82.63kN

表 6.24 回転中心の左側モーメント

領域	h_1 (m)	h_2 (m)	b (m)	γ (kN/m³)	W_i (kN)	x_g (m)	$W_i \cdot x_g$ (kN・m)
VII	1.80	2.80	1.50	15	42.75	0.74	31.64
VIII	0.70	1.80	1.50	15	28.13	1.50+0.64=2.14	60.20
IX	0	0.70	1.60	15	8.40	3.00+0.53=3.53	29.65

合計　$M_L = \Sigma (W_i \cdot x_g) = 121.49$ kN・m

表 6.25 摩擦力による抵抗モーメント $_F M_r$　　　　　　　　　　　　$R = 6.52$ m

領域	x_g (m)	y_g (m)	cos	tan	W_i (kN)	F_i (kN)	$F \cdot R$ (kN・m)
I	5.47	3.55	0.5445	0.577	183.79	57.74	376.47
II	4.21	4.98	0.7638	0.577	347.87	153.31	999.58
III	2.99	5.79	0.8880	0.577	226.49	116.05	756.65
IV	1.99	6.21	0.9525	0.577	161.19	88.59	577.61
V	1.25	6.40	0.9816	0.577	75.48	42.75	278.73
VI	0.49	6.50	0.9970	0.577	16.54	9.51	62.01
VII	0.74	6.48	0.9939	0.577	31.64	18.14	118.27
VIII	2.14	6.16	0.9448	0.577	60.20	32.82	213.89
IX	3.53	5.48	0.8405	0.577	29.65	14.38	93.76

合計　$_F M_r = \Sigma (F_i \cdot R) = 3{,}477.07$ kN・m

*1　y_g：0点の水平軸から各領域の重心を通る垂線と円弧すべり線との交点までの距離

⑦回転モーメント M_O と抵抗モーメント M_r を求める。

$M_O = M_R = 1{,}011.36$ kN・m

$M_r = M_L + {}_F M_r = 121.49 + 3{,}477.07 = 3{,}598.56$ kN・m

第6章　擁壁の計算例

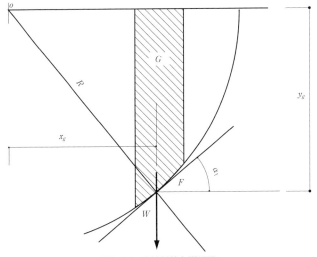

図 6.34 摩擦抵抗力説明図

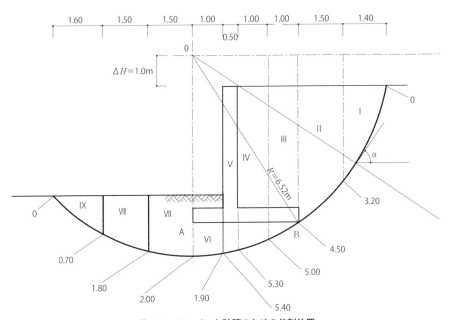

図 6.35 モーメント計算のための分割位置

⑧安全率が 1.5 以上であることを確認する。

$$F_s = \frac{M_r}{M_o} = \frac{3{,}598.56}{1{,}011.36} = 3.56 > 1.5$$

標準擁壁の代表例

参考までに，横浜市と名古屋市で使われている仮定断面を示す。あくまでも参考であり，図4.1の「断面寸法の仮定」に相当する。

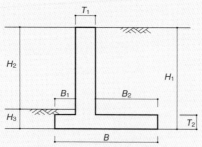

図 6.36　表 6.25 の擁壁各部記号

表 6.26　擁壁の仮定断面参考例

形状		全高 H_1	高さ H_2	根入 H_3	底版幅 B	底版の出 B_1	底版 B_2	天端厚 T_1	底版厚 T_2	支持力度 q_a	背面土 内部摩擦角 (°)	地表面載荷重 (kN/m²)
横浜市擁壁	L型	1.35	1.0	0.35	1.20	–	1.05	0.15	0.15	65	20°	10
		2.35	2.0	0.35	2.00	–	1.75	0.20	0.20	100		
		3.45	3.0	0.45	3.30	–	2.95	0.20	0.20	120		
	逆T型 (L型)	1.35	1.0	0.35	1.10	0.25	0.70	0.15	0.15	50		
		2.40	2.0	0.40	1.80	0.25	1.30	0.20	0.20	100		
		3.50	3.0	0.50	3.10	0.25	2.50	0.20	0.20	100		
		4.65	4.0	0.65	3.50	0.25	2.75	0.25	0.25	150		
		5.80	5.0	0.80	4.30	0.25	3.45	0.30	0.30	200		
	逆L型	1.35	1.0	0.35	1.20	0.75	0.30	0.15	0.15	50		
		2.65	2.0	0.65	2.30	1.65	0.30	0.25	0.25	75		
		3.65	3.0	0.65	3.80	3.15	0.30	0.25	0.25	75		
名古屋市擁壁	L型	1.40	1.0	0.40	1.30	–	1.10	0.20	0.25	80	25°	10
		2.40	2.0	0.40	1.90	–	1.70	0.20	0.25	120		
		3.50	3.0	0.50	2.70	–	2.40	0.30	0.35	150		
		4.60	4.0	0.60	3.60	–	3.20	0.30	0.45	190		
		5.80	5.0	0.80	4.50	–	4.00	0.30	0.55	230		
	逆T型 (L型)	1.75	1.0	0.75	1.70	0.50	1.00	0.20	0.25	50		
		2.80	2.0	0.80	2.30	0.50	1.55	0.25	0.30	80		
		3.90	3.0	0.90	3.50	0.50	2.65	0.30	0.40	110		
		5.00	4.0	1.00	4.30	0.50	3.50	0.30	0.50	150		
		7.10	5.0	1.10	5.20	0.50	4.40	0.30	0.60	190		
	逆L型	1.75	1.0	0.75	1.20	0.50	0.50	0.20	0.25	50	35°	
		2.85	2.0	0.85	1.90	0.95	0.70	0.25	0.35	50		
		4.30	3.0	1.30	3.30	2.30	0.70	0.30	0.80	70		
		5.55	4.0	1.55	4.70	3.60	0.80	0.30	1.05	80		
		6.90	5.0	1.90	5.90	4.70	0.90	0.30	1.40	100		

※天端・底版の最小厚を記載している

第7章

擁壁と建物との関係

擁壁に問題があると思われる。
建物被害の事例が多いことからもいえるように，
擁壁と建物との関係は安全を確保するうえで非常に重要となる。
第7章では，既存擁壁および新規擁壁との関係に加え，
擁壁と建物計画の関係について示す。

既存擁壁と建物との関係
新規擁壁と建物との関係
擁壁と建物計画の留意点

7.1 既存擁壁と建物との関係

既存擁壁と建物との関係を考慮するうえで，既存擁壁が安全な場合と問題がある場合とでは，考え方が大きく異なる。両者の考え方について以下に示す。

7.1.1 既存擁壁が安全な場合

既存擁壁の安全性が構造計算書などにより確認できる場合は，通常の地盤と同様に，建築位置の地盤調査結果に基づいた基礎計画が可能となる。建物荷重が直接擁壁に作用するような近接配置の場合，建物荷重を考慮した擁壁の安定計算が行われているかを，確認する必要がある。

また，建物配置と擁壁底版が重なる場合，擁壁底版に問題がないと判断された場合は，図 7.1 に示す補強計画が考えられる。ただし，擁壁高 2m 未満の小さい擁壁に対しては，補強体の転倒に留意して計画を行う。

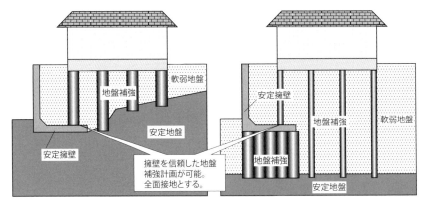

図 7.1　安定擁壁と建物配置が重なる場合の地盤補強計画

7.1.2 既存擁壁の安全が確認できない場合

安全が確認されていない既存擁壁は，不安定擁壁と見なし，がけと同様にいつ崩れてもおかしくないものとして建物を計画しなければならない。不安定擁壁が建物に影響を及ぼす範囲は，図 7.2 に示すように，安息角ライン（切土の場合 45°，盛土・埋土の場合 30°）を基に判断する。

建物が安息角内部の範囲に入る場合，安息角ライン上方の土砂が崩落した場合でも，建物を安全に支持できるような対策を講じなければならない。図 7.3 に対策例を示す。杭（地盤補強）による対策を行う場合は，地震時に擁

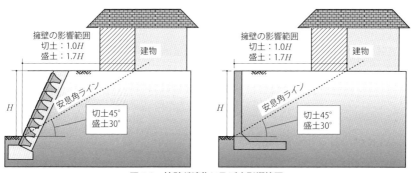

図 7.2　擁壁が建物に及ぼす影響範囲

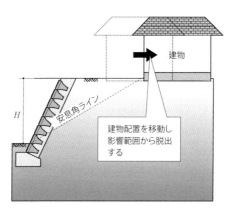

（a）配置変更による対策

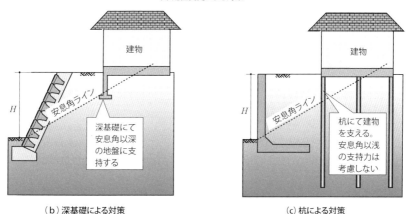

（b）深基礎による対策　　　　　　（c）杭による対策

図 7.3　不安定擁壁（影響範囲）に対する対策例

壁側へ建物および地盤が水平移動する可能性が高いため，杭材は靱性の優れた工法（小口径鋼管杭，既製コンクリート杭，芯材を有するソイルセメント

表7.1 がけ条例の分類[26]

①がけの上端または下端からL（m）以上の水平距離を保つ	②がけの上端または下端から水平距離L（m）内の建築を原則禁止
・がけ付近に建築物を建築する場合に，がけ上面に建築する場合はがけの下端から，がけ下面に建築する場合はがけの上端から，それぞれL（m）以上の水平距離を確保 ・水平距離Lは，がけ高さHの2倍以上，他にがけ高さHの1.5倍以上とするものもある ・擁壁設置による除外規定を設定 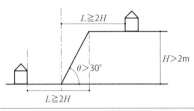	・がけの上端または下端から水平距離L（m）内の建築を原則禁止 ・水平距離Lは，がけ高さHの2倍以内または2倍未満，水平距離Lをがけ上面ではがけ高さHの1.5倍以内，がけ下面ではがけ高さHの2倍以内と区別しているものもある ・擁壁設置による除外規定を設定 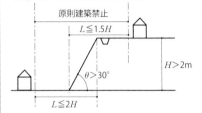
③がけの上端または下端から水平距離L（m）内に建築する場合，擁壁を設ける	④がけの下端から水平距離L（m）以上の水平距離を保つ
・がけの上端または下端から水平距離L（m）内に建築物を建築する場合には擁壁を設置 ・水平距離Lは，がけ高さHの2倍以内，他にがけ高さHの1.75倍以内，1.5倍以内とするものもある ・擁壁の類，擁壁またはこれに代わる措置 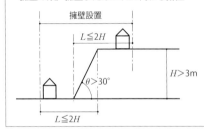	・L（m）以上の水平距離を確保 ・がけ上面，下面ともに，水平距離Lをがけの下端からとする ・擁壁設置による除外規定を設定 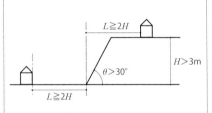

コラム工法など）を選定する。砕石，モルタル，コンクリート，セメントミルク，ソイルセメントなどを単体で用いる工法は靱性が乏しいため注意する。液状化地盤の場合は，原則採用しない。

各都道府県で設定しているがけ条例※に該当する場合は，擁壁の設置または安全上適当な処置を講じなければならないと規定されており，建築物を建築する場合のがけからの水平距離Lの規定内容から9タイプに分類され，その内容を**表7.1**に示す。

※時期などにより異なる場合がある。

⑤がけの下端から水平距離 L (m) 以内に建築する場合，擁壁を設ける	⑥がけの中心線から水平距離 L (m) 以上の水平距離を保つ
・がけ近傍の水平距離 L (m) 内に建築物を建築する場合には擁壁を設置 ・水平距離 L をがけ下端からとし，がけ高さ H の2倍以内とする ・がけ高さ H については，がけ角度との関係で規定しているものもある	・L (m) 以上の水平距離を確保 ・水平距離 L の基点をがけ表面の中心線とし，がけ高さ H の1.5倍（高さ H が2m以内は1倍） ・擁壁などの設置による除外規定を設定
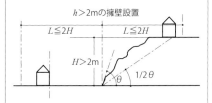	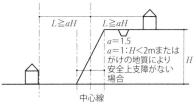
⑦がけの中心線から水平距離 L (m) 内の建築を原則禁止	⑧がけの上端または下端から水平距離 L (m) 内に建築する場合，擁壁を設ける
・水平距離 L (m) 内の建築を原則禁止 ・水平距離 L の基点をがけ表面の中心線からとし，水平距離 L をがけ高さ H 以内 ・擁壁設置による除外規定を設定	・がけ近傍の水平距離 L (m) 内に建築物を建築する場合に擁壁を設置 ・水平距離 L の基点をがけ上面の場合はがけ上端，がけ下面の場合はがけ下端とし，水平距離 L をがけ高さ H 以内とする
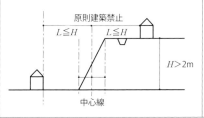	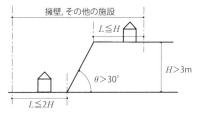

⑨がけの上面，下面で規定するがけ高さに応じた水平距離 L (m) を採用

・がけの上面，下面で規定するがけ高さ H が異なる
・水平距離 L は，がけ高さ H の1.75倍以内では，擁壁を設置するものと，がけ高さ H の1.7倍以上の水平距離 L を確保しなければならないとするものとがある

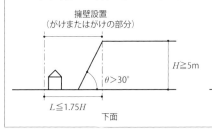
下面

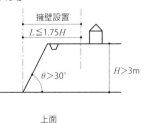
上面

7.2　新規擁壁と建物との関係

　新規擁壁を計画する際，擁壁高 2m 以上のものについては，安定計算が義務付けられているが，2m 未満の擁壁については，設計者判断にて計画できるケースが多く，調査不足，不安定擁壁のまま築造される場合がある。擁壁の基礎地盤に対する要求性能（水平支持力，鉛直支持力）を満足するには，地盤補強が必要な場合もあるが，高額なため敬遠されることも多い。しかし，日本は世界有数の地震大国であり，不安定擁壁による地震被害は多い。したがって，擁壁の影響範囲（**図 7.2**）に建物を構築する場合は，小さな擁壁についても適確な地盤調査と安定計算および地盤対策は必要である。プレキャスト擁壁などは，大臣認定を取得している製品もあるが，地盤の必要支持力や擁壁背面土の内部摩擦角が規定されているため，支持力不足や埋戻し部分の締固め不良により内部摩擦角が確保できなくなり，土圧が大きくなることで不安定擁壁とみなされる場合もある。

　平板載荷試験により支持力評価する場合は，**図 7.4**に示すように，擁壁荷重が地盤に影響する範囲（基礎底版幅の 1.5 倍〜2.0 倍程度）と，平板載荷試験により支持力評価している地盤の範囲は大きく異なるため，軟弱層が深部にある地盤の場合，支持力を過大評価（危険側）してしまうおそれもある。

このように，新規擁壁であっても，不安定擁壁のまま築造される場合もある。不安定擁壁の場合については，「7.1　既存擁壁と建物との関係」にて示した既存不安定擁壁と同様な注意が必要である。

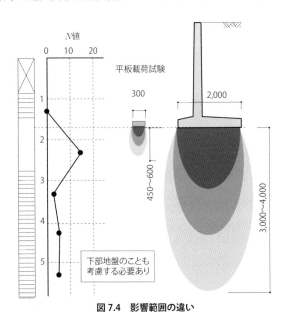

図 7.4　影響範囲の違い

7.3 擁壁と建物計画の留意点

擁壁の影響範囲に建物を計画する場合，擁壁の安全性（変形，沈下，移動など）に加え，地盤の安全性（沈下・変形）についても考慮しなければならない。擁壁および地盤の不具合は，建物の不具合に直結するため，計画する際の留意点を以下に示す。

7.3.1 地盤の沈下・変形

地盤が沈下・変形する要因はさまざまあり，地盤の状況を的確に推測し，沈下・変形の可能性について考慮する必要がある。沈下の種類には，即時沈下（弾性沈下），圧縮沈下，圧密沈下があるが，即時沈下は微小変形のため，省略することが一般的である。

1) 圧縮沈下

圧縮沈下とは，不飽和状態にある盛土または埋土自体の体積が変化する沈下をいう。**図 7.5** に圧縮沈下の概念図を示し，**写真 7.1** に実際に発生した圧縮沈下の事例を示す。

圧縮沈下は，地盤の状況により発生状況は異なるが，盛土厚または埋土厚が大きければ大きい程，締固めが緩ければ緩い程大きく発生する。

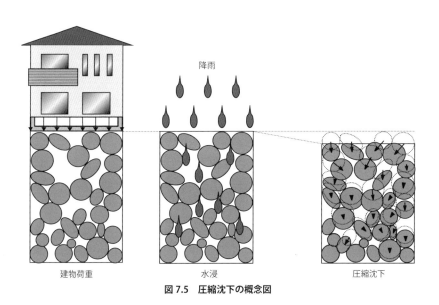

図 7.5　圧縮沈下の概念図

(a) 高さ 1m の擁壁の埋戻し部　　　　　(b) 高さ 2.4m の擁壁の埋戻し部

写真 7.1　圧縮沈下状況例

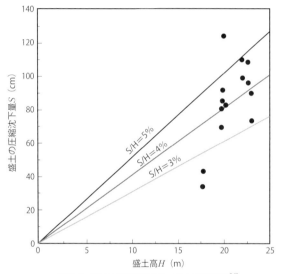

図 7.6　盛土の圧縮沈下量〜盛土高の関係[26]

　圧縮沈下量は，盛土厚または埋土厚に対して，最大 5％程度発生する。**図 7.6** に，盛土の圧縮沈下量〜盛土高の関係を示す。

2）圧密沈下

　圧密沈下とは，建物下部地盤に存在する軟弱な粘性土地盤が盛土荷重および建物荷重の影響を受けることで，土粒子間の水が排水され体積変化する沈下をいう。圧密沈下の概念図を**図 7.7** に示す。

　圧密沈下の検討の際は，**図 7.8** に示すように建物荷重による地中増加応力に加え，新規盛土がある場合は，盛土荷重による地中増加応力を累加して，圧密沈下量を求める必要がある。

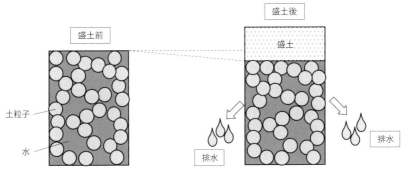

図 7.7　圧密沈下の概念図

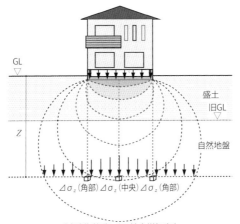

(a) 建物荷重による地中増加応力

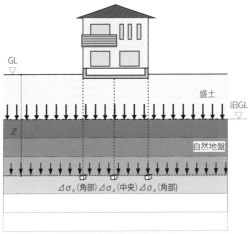

(b) 新規盛土荷重による地中増加応力

図 7.8　圧密沈下の検討手法概念図

3）圧密沈下および圧縮沈下が収束するまでの経過年数

　圧縮沈下が収束するまでの経過年数は，盛土・埋土地盤の状況（土質，締固め状況など）や造成状況，および気候などによって発生状況は大きく異なる。しかし，**図7.9**を見るとわかるように，各地盤ともに経過年数1年程度で大半は収束し，2年が経過するとほぼ収束していることがわかる。

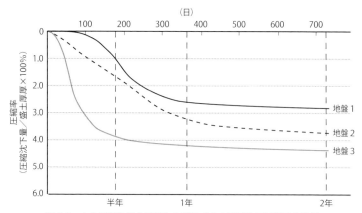

図7.9　火山灰質粘性土地盤における盛土の圧縮沈下量経時変化例

　圧密沈下が収束するまでの経過年数は，土質によって大きく異なる。一般的な粘性土の場合，3年から5年経過すると圧密沈下は収束し安定するのに対し，圧縮性の高い腐植土地盤などの場合，10年を経過しても収束しない地

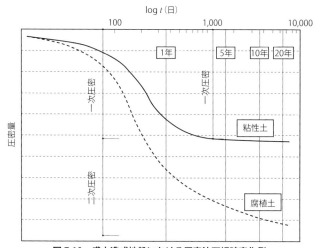

図7.10　盛土造成地盤における圧密沈下経時変化例

盤もある。図 7.10 に，盛土造成地盤における圧密沈下量と経過年数の関係例を示す。

以上より，埋土地盤の場合は圧縮沈下の影響，盛土地盤の場合は圧縮沈下と圧密沈下の両方について検討する必要があり，表 7.2 に示す収束するまでの経過年数以内の地盤については，計算だけでなく，事前の観測によって沈下状況を確認しておく必要がある。

この他にも，スレーキングによる地盤の変形（体積変化）がある。スレーキングとは，写真 7.2 に示すように，土塊が湿潤と乾燥を繰り返すことで，細片して崩壊する現象をいう。スレーキングは，ぜい弱な砂岩・泥岩・凝灰岩などで発生し，長期にわたって継続するため，スレーキング性の高い土砂にて造成された地盤の場合は留意する必要がある。

表 7.2 圧縮沈下および圧密沈下が終息するまでの経過年数例

盛土・埋土材	圧縮沈下	盛土下部地盤の土質	圧密沈下
砂質土	2 年超	砂質土	―
粘性土	2 年超	粘性土	5 年超

(a) 繰り返し前　　　　　　　　(b) 2 回繰り返した後

写真 7.2 乾湿繰り返しによる細粒化の例

7.3.2 建物配置，建物基礎設計

擁壁の影響範囲に建物を建築する際は，擁壁埋戻し部分の圧密沈下や圧縮沈下，および締固め不良による支持力不足などから，地盤補強が必要なケースがほとんどである。地盤補強の考え方は，安定擁壁と不安定擁壁で大きく異なり，建物配置が擁壁底版と重なる場合は，特に計画が煩雑となることから，小規模建築物における対策事例を以下に示す。

1）安定擁壁による造成地盤の対策例

　安定擁壁の場合，擁壁に建物荷重を負担させることが可能であるため，擁壁底版に杭を配置することができる。小口径鋼管のように断面積が小さい場合は，パンチング破壊の検討にも留意する。

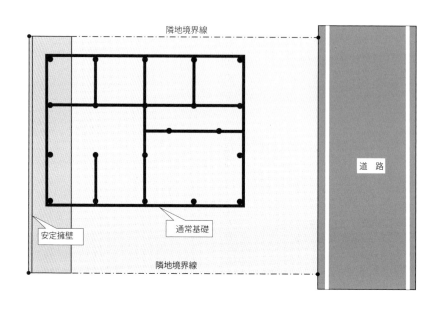

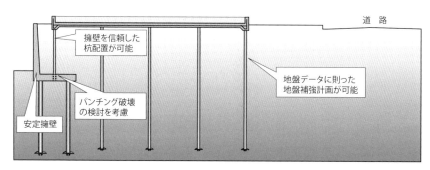

図 7.11　安定擁壁による造成地盤の対策例

2）新設擁壁による造成地盤の対策例

建物計画が確定している新設擁壁現場で建物荷重を擁壁に負担させることができない場合は，**図 7.12** に示すように，事前に杭位置部分の底版を箱抜きしておき，杭による地盤補強を実施する。

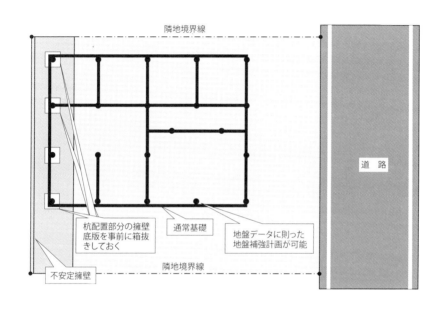

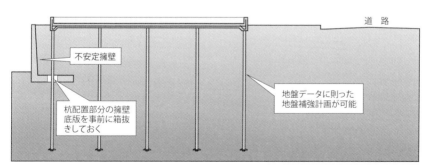

図 7.12　建物荷重が負担できない新設擁壁による造成地盤の対策例

3）建物荷重を負担できない擁壁による造成地盤の対策例——①

建物荷重を負担できない新規擁壁や，安全が確認できない既存擁壁等の場合，擁壁底版を避けた地盤対策が必要となる。したがって，**図7.13**に示すように杭を避けて配置した際，基礎が片持ち梁のような支持力機構となるため，曲げ剛性を確保した基礎スラブを構築することにより安全性を確保する。補強する杭は，1本当たりの負担荷重を考慮し，靱性のある杭材にて計画する。

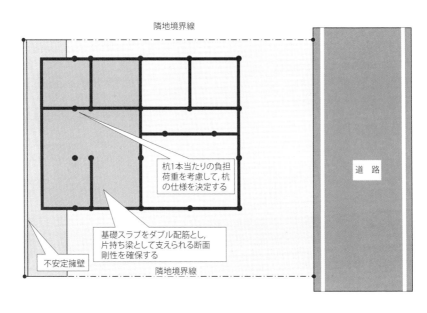

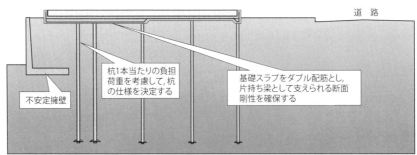

図7.13 建物荷重を負担できない擁壁による造成地盤の対策例①

4）建物荷重を負担できない擁壁による造成地盤の対策例──②

3）では，二重（ダブル）配筋による耐圧版スラブによって基礎剛性を確保したが，**図7.14** に示すように，基礎梁の仕様と配置を変更することによって，剛性を確保することができる。その際，人通口や配管による基礎梁の断面欠損は剛性に大きく影響するため避ける。

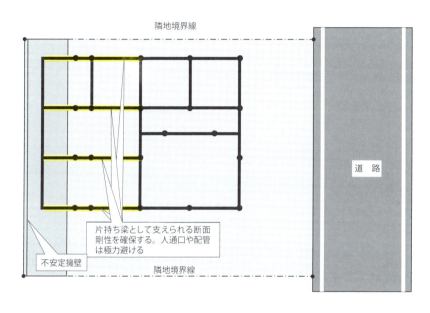

図7.14　建物荷重を負担できない擁壁による造成地盤の対策例②

第8章

擁壁施工時の留意点

鉄筋コンクリート造などの擁壁の施工にあたっては，
次の事項に留意しなければならない。

地盤（支持力度，沈下・変形など）施工時の留意点
鉄筋の継手および定着
伸縮継ぎ目および隅角部の補強
コンクリート打設，打継ぎ，養生など
擁壁背面の埋戻し
排水

8.1　地盤（支持力度，沈下・変形など）施工時の留意点

　擁壁を設置する地盤は，地盤調査や土質試験などを行い，擁壁の設計条件を満足しなければならない。**図 8.1** に示すように，設計時に想定した地盤と設置面の地盤に相違が見られる場合は，地盤性状の再検討および設計内容の再検討を行う。

　なお，床掘にあたっては，過度な掘削は避け，地盤を乱さないように配慮する。ローム地盤のように，鋭敏比（自然地盤の強度と練り返し後の強度比）が大きい地盤の場合，支持力が著しく低下するため注意する。

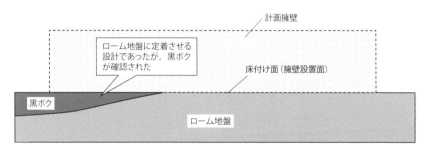

図 8.1　床付け面の地盤性状確認

8.2 鉄筋の継手および定着

1) 主筋の継手

主筋の継手は，構造部における引張力の最も小さい部分に設け，継手の重ね長さは，溶接する場合を除き，主筋径（径の異なる主筋を継ぐ場合においては，細い主筋の径）の25倍以上とする。ただし，主筋の継手を引張力の最も小さい部分に設けることのできない場合においては，その重ね長さを主筋径の40倍以上とする。

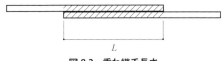

図8.2　重ね継手長さ

なお，底版と鉛直壁との境目に，鉄筋の継手が生じないように注意する。また，主筋の継手は，同一断面に集めないよう千鳥配置にする。

2) 鉄筋の定着

壁体から底版のように異なる部材を一体化するために，仕口内における鉄筋の有効な"のみ込み長さ"を定着という。引張鉄筋の定着される部分の長さは，主筋に溶接する場合を除き，その径の40倍以上とする。

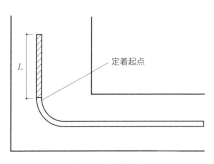

図8.3　定着起点

8.3　伸縮継ぎ目および隅角部の補強

1）伸縮継ぎ目

　コンクリートは乾燥収縮の他，土圧などの荷重により動こうとする。この場合，伸縮継ぎ目を設けると，その動きが継ぎ目で吸収されて，コンクリートのひび割れを防いでくれる。継ぎ目の位置に関しては，一般に次のような規定が設けられている。

　伸縮継ぎ目は，**図 8.4** に示すように原則として擁壁長さ 20m 以内ごとに 1 箇所設ける。特に，地盤の変化する箇所，擁壁高さが著しく異なる箇所，擁壁の材料・構法が異なる箇所で，有効に伸縮継ぎ目を設け，基礎部分まで切断する。また，擁壁の屈曲部においては，伸縮継ぎ目の位置を 2m を超え，かつ擁壁高さ程度だけ避けて設置する。

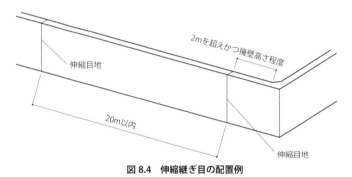

図 8.4　伸縮継ぎ目の配置例

2）隅角部の補強

　擁壁の隅角部は 2 方向から土圧が作用するために，補強する必要がある。補強箇所は，隅角を挟む二等辺三角形の部分を鉄筋およびコンクリートで補強する。二等辺の一辺の長さは，擁壁の高さ 3m 以下で 50cm, 3m を超えるものは 60cm とする。

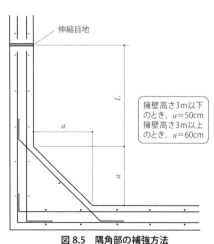

図 8.5　隅角部の補強方法

8.4　コンクリート打設，打継ぎ，養生など

　コンクリート打設，打継ぎ，養生などは，擁壁のできばえを決める上で，非常に重要な事項である。
　表 8.1 に，工事種別ごとの主な留意点を示す。

表 8.1　工事種別ごとの主な留意点

工事種別	主な留意点
打設前	・型枠内の清掃 ・鉄筋などが設計どおりに配置されているか確認 ・吸水のおそれのあるところは，あらかじめ湿らせる ・かぶり厚さは，定められた厚さを厳守 ・鉄筋がずれないように幅止め金物，スペーサー，ブロックなどで固定する ・コンクリートの凝結を妨げるような酸，塩，有機物，糖分または泥土などを含まない ・骨材は，鉄筋間および鉄筋と型枠との間を通る大きさ
打設および締固め	・2層以上の打設は，下層が硬化前に上層を打設する ・上層の打設は，下層に 10cm 程度挿入する ・締固めには，内部振動機（バイブレーター）を用いる ・内部振動機での過剰な締固めは，材料分離の原因となるので注意する
打継ぎ	・打継ぐ前に表面のレイタンスなどを処理し，十分に吸水させる ・打継ぎ目はせん断力の小さい位置に設ける ・せん断力の大きい位置での打継ぎは，ほぞまたは溝をつくるか，適切な鋼材で補強する ・水平打継ぎは同一高さにしない
養生	・打設後は，直射光や風などによる水分の逸散を防ぐ ・表面がある程度硬化後，湿潤状態を保つため，養生用マットや布などを湿らせて覆うか散水する ・養生中は急激な温度変化，振動，衝撃，荷重などから保護する
供試体	・品質確保のため，供試体を作成し，圧縮強度試験を行う ・圧縮強度試験は JIS A 1108「コンクリートの圧縮強度試験方法」で行う

8.5 擁壁背面の埋戻し

1) 型枠存置期間

埋戻し時には，擁壁の型枠をはずす必要がある。型枠存置期間は，建築基準法施行令第76条に定める最低日数を守り，所定のコンクリート強度が確かめられない前に裏込め土の埋戻しを行うことはできない（**表8.2**）。

表8.2　建築基準法施行令第76条に基づく存置期間に関する基準

(い)			(ろ)			(は)
区分	部位	セメントの種類	存置日数（日）			コンクリートの圧縮強度
			存置期間中の平均気温			
			15度以上	15度未満 5度以上	5度未満	
せき板	基礎，はり側，壁	早強ポルトランドセメント	2	3	5	5N/mm^2
		普通ポルトランドセメント 高炉セメントA種 フライアッシュセメントA種 シリカセメントA種	3	5	8	
		高炉セメントB種 フライアッシュセメントB種 シリカセメントB種	5	7	10	

2) 締固め方法

締固め作業を行う際のまき出し厚はおおむね 30cm とし，現場の状況を鑑みて締固め機械を選定する。宅地擁壁の埋戻しの場合，施工性を考慮してバックホーによる締固めが行われる場合も多いが，埋戻し土の沈下・変形，さらには災害に対する安全性を考慮した場合，所定の締固めが可能な機械を選定する必要がある。**表 8.3** に締固め機械の概要を示す。

表 8.3 締固め機械の概要[28]

区分	機械名	概要
静的載荷方式	ロードローラー	表面が滑らかな円筒径鉄輪を車輪とする自走式締固め機械。鉄輪の配置により三輪式マカダム型と，二軸式および三軸式のタンデム型がある。自重のほかにバラストを付加できるようになっており，施工条件に対応させる。
静的載荷方式	タイヤローラー	空気入りタイヤの特性を利用して，締固めを行う機械。タイヤの接地圧はタイヤ荷重と空気圧との関係で変化し，一般に空気圧を上げれば締固め効果は大きく，下げれば支持力の低い地盤にも適応できるようになる。自走式と被けん引式があり，バラストの付加も可能である。
衝撃的荷重方式	タンピングローラー	ローラーの表面に突起をつけたもので，その形状によってテーパーフートローラー，ジープズフートローラーなどの種類がある。これらは突起の先端に荷重を集中することができるので，他のローラーに比べて深部まで締固め効果がおよぶ。自走式と被けん引式があり，バラストの付加も可能である。
衝撃的荷重方式	タンパ	機械の回転力をクランクによって上下運動に変えて，スプリングなどの弾性体を介して締固め板に伝えるもので，打撃と振動の二つの機能をもっている。
動的荷重方式	振動ローラー	ローラー内に取り付けてある起振装置で，発生させた振動エネルギーを利用して締固め効果を得る機械。種類としてはタンダム型が多く，鉄輪とタイヤのコンパインド型にはタイヤ駆動型とタイヤ結合型がある。自走式と被けん引式がある。
動的荷重方式	振動コンパクタ	平板の上の起振機を直接取り付け，この振動により締固めと自走を同時に行うもので，操作はハンドガイド型である。

3）締固めに関する管理および基準

　擁壁が必要となるような造成地盤は，分譲されるまでの期間が短い場合も多く，埋戻し部の適切な締固め管理を怠ると，圧縮沈下や圧密沈下の発生が懸念される。締固め管理基準は，都市基盤整備公団における「土木施工管理基準」（平成 13 年版），「RI 計器を用いた盛土の締め固め管理要領（案）」（**図 8.6**）および日本建築学会における小規模建築物基礎設計指針（**図 8.7** 参照）に示されている管理手法に基づき適切に管理する必要がある。

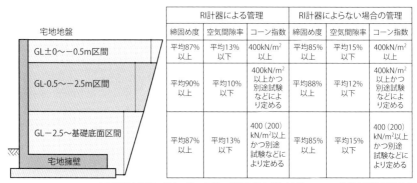

図 8.6　埋戻し土の締固め管理基準[29]

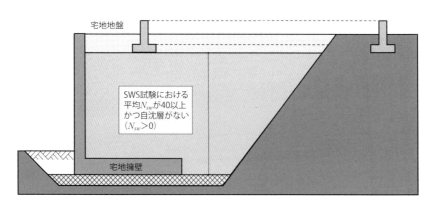

図 8.7　日本建築学会小規模指針による締固め管理基準[30]

8.6 排水

擁壁の排水には，表面排水と背面排水とがある。表面排水とは，地表面に不透水層を設けて雨水が浸透するのを防止するものである。表面排水を行ったとしても，雨水の浸透や地下水の影響があるため，背面排水は別途必要である。

宅地造成等規制法施行令第10条および都市計画法施行規則第27条第1項第2号には，擁壁の水抜き穴の設置，構造に関する規定が定められており，これらの規定と一般的留意事項を以下に示す。

①擁壁の裏面で，水抜き穴の周辺，その他必要な場所に，砂利などの透水層を設ける。
②水抜き穴は，擁壁の下部地表近くおよび湧水などのある箇所に，特に重点的に設ける。
③水抜き穴は，内径7.5cm以上とし，その配置は$3m^2$に1箇所の割合で千鳥配置とする。
④水抜き穴は，排水方向に適当な勾配をとる。
⑤水抜き穴の入り口付近には，水抜き穴から流出しない程度の大きさの砂利などを置き，砂利，砂，背面土などが流出しないように配慮する。
⑥地盤面下の壁面で，地下水の流路にあたっている壁面がある場合には，有効に水抜き穴を設けて地下水を排出する。
⑦水抜き穴に使用する材料は，コンクリートの圧力でつぶれないものを使用する。

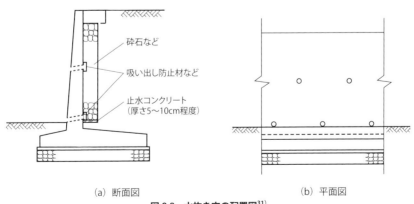

図8.8　水抜き穴の配置図[31]

伏流水などの湧水が特に多い場所にて計画する際は，**図 8.9** に示すように擁壁背面部の透水層に加えて傾斜透水層を設けるとよい。

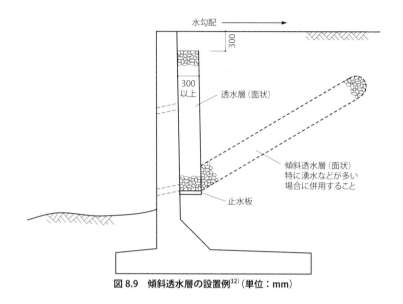

図 8.9　傾斜透水層の設置例[32]（単位：mm）

　擁壁裏面の透水層は，一般に，砂利，砂，砕石などが用いられているが，石油系素材を用いた「透水マット」も使用することができる。**図 8.10** に，各種透水マットの断面一覧を示す。

　透水マットは，高さが 5m 以下の鉄筋コンクリート造または無筋コンクリート造の擁壁に限り，透水層として使用できるものとする。ただし，高さが 3m を超える擁壁に透水マットを用いる場合には，下部水抜き穴の位置に，厚さ 30cm 以上，高さ 50cm 以上の砂利または砕石の透水層を全長にわたって設置する。また，寒冷地のように表土が凍結・凍土のおそれがある地域では使用しない。

　排水の方法には，簡易排水工法，溝型排水工法のように，水抜き穴ごとや位置を連結するように，砂利，砕石でフィルター層を設ける工法と，全面連結排水として透水マットまたは砂利，砕石などを背面全面に設ける工法もある。

　いずれも，計画している建物の配置や基礎仕様を十分に配慮し，排水性能を低下させたり，また逆に建物の安全性を損なわないように留意することが必要である。

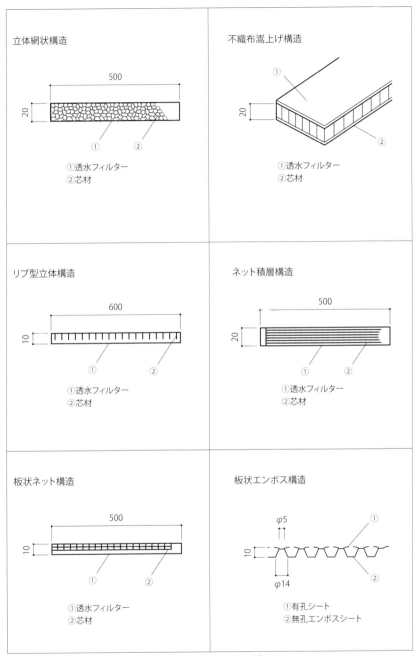

図 8.10 各種透水マットの断面一覧[33]（単位：mm）

参考文献・参考 HP

1) 藤井衛：調停・鑑定から学ぶ基礎地盤の障害の特徴と教訓，
 基礎工，Vol. 35, No. 8, pp15〜22, 2007
2) 藤井衛：擁壁設計に必要な基本とは？ トラブルを回避する術とは？，
 建築技術，No. 750, pp98〜99, 2012
3) 日本建築学会：小規模建築物基礎設計指針，p198〜203, 2008 年
4) 菊地康明：新設擁壁を設計するときの構造計画，
 建築技術，pp.120〜123, 2012 年 7 月
5) 安川郁夫：擁壁設計に必要な（構造的特性）用語解説，
 建築技術，pp.104〜115, 2012 年 7 月
6) 井上波彦：擁壁と法的取り扱い，建築技術，pp.100〜103, 2012 年 7 月
7) ぎょうせい：宅地防災マニュアルの解説〈第二次改訂版〉〔1〕，
 p.365, 平成 19 年 12 月
8) 東京都土木技術支援・人材育成センター「地質断面図」
 http://www.kensetsu.metro.tokyo.jp/jigyo/tech/start/03-jyouhou/danmenzu/menu3.html
9) 東京都土木技術支援・人材教育センター「東京都の地盤」
 http://tokyo-toshiseibi-ekijoka.jp/other_data.html
10) 千葉県防災ポータルサイト HP より
 http://www.bousai.pref.chiba.lg.jp/portal/05_sonae/58_hazard/ejk/index.html
11) 地盤工学会：地盤調査の方法と解説―二分冊の 1―, pp.279〜316, 平成 25 年 3 月
12) 地盤工学会：地盤調査の方法と解説―二分冊の 2―, pp.663〜696, 平成 25 年 3 月
13) 日本建築学会：小規模建築物基礎設計指針，p33, 2008 年
14) 地盤工学会：地盤調査の方法と解説，p462, p463, 2013
15) CPT 技術研究会提供
16) 地盤工学会：地盤調査の方法と解説―二分冊の 2―, pp.697〜735, 平成 25 年 3 月
17) 地盤工学会：地盤調査の方法と解説―二分冊の 1―, pp.209〜275, 平成 25 年 3 月
18) 日本建築学会：小規模建築物を対象とした地盤・基礎―建築技術者のためのガイドブック，p34, 2014.5
19) 日本建築学会：建築基礎構造設計指針，pp.353〜373, 2001
20) 日本建築学会：建築基礎構造設計指針，pp.105〜122, 2001
21) 吉成元伸，藤井衛他：スウェーデン式サウンディング結果と地盤反力係数との関係，
 日本建築学会大会学術講演梗概集，pp.2561-2562, 昭和 62 年 10 月
22) ぎょうせい：宅地防災マニュアルの解説〔1〕第二次改訂版，P312, 平成 19 年 12 月
23) 横浜市：宅地造成の手引き
24) 大橋完（建築技術）：建築実務者の擁壁設計入門，1994 年 4 月

25) 日本建築センター：改訂版　建築物のための改良地盤の設計及び品質管理指針，平成 14 年 11 月
26) 平出務，田村昌仁：建築物の敷地に関する技術基準類の現状　その 2 がけ条例：第 41 回地盤工学研究発表会，pp.9-10，2006 年 7 月
27) 地盤工学会：盛土の挙動予測と実際，P192，1996
28) 都市基盤整備公団「宅地土工指針（案）」（加筆修正），平成 14 年 6 月
29) ぎょうせい：宅地防災マニュアルの解説，p173-180，H12
30) 日本建築学会：小規模建築物基礎設計指針，p285，2008 年
31) ぎょうせい：宅地防災マニュアルの解説〈第二次改訂版〉〔1〕，p.348，平成 19 年 12 月
32) 川崎市：宅地造成に関する工事の技術指針，p59，平成 22 年 8 月
33) ぎょうせい：宅地防災マニュアルの解説〈第二次改訂版〉〔1〕，p.353，平成 19 年 12 月

国土地理院
地図・空中写真を閲覧するサービスなどがある。
https://mapps.gsi.go.jp/maplibSearch.do

横浜市建築局（平成 30 年 4 月）宅地造成の手引き
丘陵地や斜面地の多い横浜市では，宅地造成についての手続きや設計，施工，資料編などが詳細にまとめられた参考資料である。
http://www.city.yokohama.lg.jp/kenchiku/takuchi/takuchikikaku/takuzo/tebiki/all.pdf

名古屋市住宅都市局（平成 28 年 4 月）宅地造成の手引き
「宅地造成工事技術指針（第 8 章・第 9 章：擁壁の標準構造図）」や「擁壁の構造計算書」なども参考となる。
http://www.city.nagoya.jp/jutakutoshi/cmsfiles/contents/0000009/9347/28.5.C.pdf

擁壁チェックシート
「国土交通省」より「我が家の擁壁チェックシート（案）」が計算されており，擁壁の安全性をチェックすることができる。
http://www.mlit.go.jp/crd/web/jogen/pdf/check.pdf

公益社団法人　全国宅地擁壁技術協会
宅地擁壁のさまざまな情報が紹介されている。
http://www.takukyou.or.jp/

スーパー地形　（地形を感じる地図アプリ）
日本地図学会賞（2018 年度）作品賞を受賞した地図アプリで，空中写真や土地条件図などさまざまな地図情報を参照することができる。

著者紹介

藤井　衛 Fujii Mamoru

[略歴]
1970 年　東海大学工学部建築学科入学
1974 年　同卒業
同年　　東海大学大学院院工学研究科建築学専攻修士課程入学
1976 年　同修了
同年　　東海大学大学院工学研究科建築学専攻博士課程入学
1979 年　同満期退学
同年　　東海大学第二工学部建設工学科建築学専攻助手
1980 年　同講師
1983 年　東海大学大学院工学研究科建築学専攻博士課程再入学
1984 年　同博士課程修了
　　　　工学博士
同年　　東海大学工学部建築学科助教授
1994 年　同教授
2017 年　東海大学退職
2018 年　東海大学名誉教授

[専門分野]
基礎構造/地盤　建築基礎地盤の地盤改良，地盤調査法

[主な著書]
「新ザ・ソイル―建築家のための素質と基礎」（共著），建築技術
「ザ・ソイル 2」（共著），建築技術
「図説構造力学」（共著），東海大学出版会
「図説建築測量」（共著），産業図書
「建築基礎のための地盤改良設計指針案」（共著），日本建築学会（主査）
「小規模建築物基礎設計例集」（共著），日本建築学会（主査）
「小規模建築物基礎設計指針」（共著），日本建築学会（幹事）
「住宅地盤がわかる本―安全な地盤の基礎・設計の考え方」（共著），オーム社

渡辺佳勝 Watanabe Yoshikatsu

[略歴]
1994 年　東海大学第二工学部建設学科入学
同年　　東海大学工学部建築学科特任技術職員就任
1998 年　同卒業
同年　　同退社
1998 年　兼松日産農林㈱入社
2003 年　㈱トラバース入社
　　　　工法開発部技術課技術開発チーム
　　　　現在に至る
2014 年　東海大学工学部建築学科非常勤講師
[資格]
一級建築士，地盤品質判定士
[主な活動]
日本建築学会：小規模建築物地盤調査委員会委員
日本建築学会：小規模建築物基礎設計指針改定小委員会委員
日本建築学会：2016 年熊本地震基礎構造被害検討委員会委員
SWS：JIS 原案作成委員会委員
「2108 年版建築物のための改良地盤の設計及び品質監理指針」編集委員会委員
[主な著書]
「住宅地盤がわかる本―安全な地盤の基礎・設計の考え方」（共著），オーム社

品川恭一 Shinagawa Kyoichi

[略歴]
1996 年　東海大学工学部建築学科入学
2000 年　同卒業
同年　　東海大学大学院工学研究科建築学専攻博士課程前期入学
2002 年　同修了
同年　　㈱一条工務店入社
2011 年　東海大学大学院総合理工学研究科総合理工学専攻建築・土木コース博士課程後
　　　　期入学
2014 年　同修了
[資格]
博士（工学）
一級建築士，一級建築施工管理技士，地盤品質判定士，静岡県地震被災建築物応急危険度
判定士，二級土木施工管理技士，住宅地盤技士，インテリアコーディネーター
[主な活動]
日本建築学会：小規模建築物地盤調査委員会委員
日本建築学会：小規模建築物基礎設計指針改定小委員会委員
地盤工学会：地盤品質判定士会幹事会幹事

建築士のための擁壁設計入門

発行	2019年3月16日
著者	藤井 衛＋渡辺佳勝＋品川恭一
発行者	橋戸幹彦
発行所	株式会社建築技術
	〒101-0061　東京都千代田区神田三崎町3-10-4　千代田ビル
	TEL03-3222-5951　FAX03-3222-5957
	http://www.k-gijutsu.co.jp
	振替口座 00100-7-72417
装丁デザイン	春井 裕（ペーパー・スタジオ）
印刷・製本	三報社印刷株式会社

落丁・乱丁本はお取り替えいたします。
本書の無断複製（コピー）は著作権法上での例外を除き禁じられています。
また，代行業者等に依頼してスキャンやデジタル化することは，
例え個人や家庭内の利用を目的とする場合でも著作権法違反です。

ISBN978-4-7677-0161-5
ⒸMamoru Fujii, Yoshikatsu Watanabe, Kyoichi Shinagawa
Printed in Japan